Harry Feldmann

Einführung in ALGOL 60

Harry Feldmann

Einführung in ALGOL 60

Skriptum für Hörer
aller Fachrichtungen ab 1. Semester

Friedr. Vieweg + Sohn · Braunschweig

Dr. rer. nat. Harry Feldmann
ist Abteilungsdirektor am Rechenzentrum der
Universität Hamburg

Quellennachweis Seiten 86 bis 89

„Wiedergegeben mit Genehmigung des Deutschen Normenausschusses. Maßgebend ist die jeweils
neueste Ausgabe des Normblattes im Normformat A 4, das bei der Beuth-Vertrieb GmbH.,
1 Berlin 30 und 5 Köln, erhältlich ist"

ISBN-13: 978-3-528-03315-6   e-ISBN-13: 978-3-322-85512-1
DOI: 10.1007/ 978-3-322-85512-1

Vorwort

Ein Programm einer Rechenanlage zur Lösung einer bestimmten Art von Problemen
in jeweils endlich vielen Schritten heißt Algorithmus und ist in Form einer end-
lichen Zeichenkette gegeben. Eine Sprache ist die Menge aller Zeichenketten, die
nach der Grammatik der Sprache erzeugt werden können.

ALGOL 60 (algorithmic language, herausgegeben für 1960 von Naur) ist eine Sprache,
deren Zeichenketten sämtlich Algorithmen sind, d.h. eine Programm- oder Program-
miersprache. Die ALGOL-60-Grammatik ist die erste Grammatik, die weitgehend
aus (klaren) Formeln, sogenannten Semi-Thue-Produktionen (nach Thue 1914,
später Post 1943, Chomsky 1956, Backus 1959), und nicht aus (unklaren) verbalen
Formulierungen besteht.

Die Produktionen der ALGOL-60-Grammatik sind in graphischer Darstellung als
Produktionsschemata (vgl. 2.7, 3.2 ff) für Hörer aller Fachrichtungen und sogar für
Schüler ohne weiteres verständlich.

Beispiel eines Produktionsschemas (vgl. 2.3):

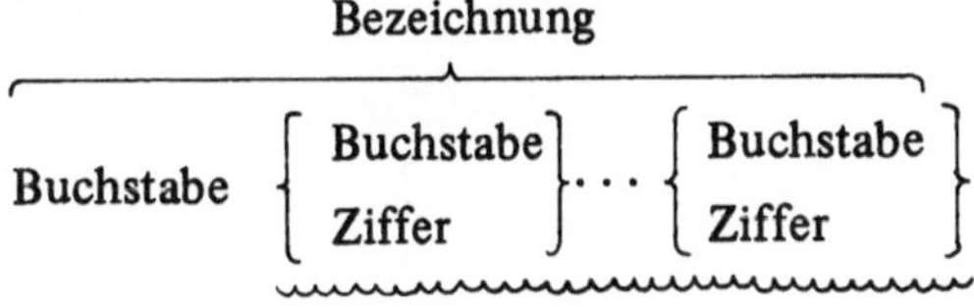

d.h. eine Bezeichnung ist eine endliche Zeichenkette aus Buchstaben bzw. Ziffern
(und keinen sonstigen Zeichen wie etwa Komma), beginnend mit einem Buchstaben.
Unterschlängeltes darf entfallen.

Neben den formalen Produktionsschemata enthält die ALGOL-60-Grammatik noch
zusätzliche verbale Regeln, die im folgenden „Zusatzregeln" genannt werden.

Dem Leser, der einen möglichst schnellen Zugang zu ALGOL 60 sucht, wird empfohlen, mit Kapitel 2 von 2.2 an zu beginnen, in dem eine ALGOL-60-Teilmenge (Auszug) erzeugt wird, die für die Programmierung einfacher Beispiele ausreicht. Diese
Teilmenge wird in den Kapiteln 3—6 auf den vollen ALGOL-60-Umfang erweitert.

In Kapitel 7 werden die komfortablen Ein/Ausgabeprozeduren INPUT/OUTPUT
mit wählbaren Formaten besprochen, die von Knuth 1964 herausgegeben wurden
und die ALGOL 60 auch für umfangreiche Ein/Ausgabeintensive Probleme der
Datenverarbeitung verwendbar machen.

ALGOL-60-Programme sind weitgehend in üblicher mathematischer Formelschreib-
weise abgefaßt und werden wegen ihrer kurzen, übersichtlichen und präzisen Darstellung nicht nur zum Programmieren, sondern auch zum Formulieren mathema-
tisch beschriebener Algorithmen verwendet (insbesondere in Veröffentlichungen).
Bei nichtnumerischen Problemen, wie z.B. Textverarbeitung, ist ALGOL 60 schwer-
fälliger, da Textzeichen erst in Zahlen umcodiert werden müssen. Umfassender
(aber komplizierter) als ALGOL 60 ist ALGOL 68 (herausgegeben für 1968 von
van Wijngaarden), das jedoch zur Zeit noch nicht für Rechenanlagen zur Verfügung
steht.

Herrn G. Lamprecht (Bremen) möchte ich für die Anregung danken, diese Einführung
zu schreiben. Meinen Hörern und insbesondere Herrn M. Kniebel bin ich für die kri-
tische Durchsicht des zugrundegelegten Vorlesungs-Skriptums und für Änderungsvor-
schläge zu Dank verpflichtet. Für Beiträge zu den Übungsaufgaben danke ich den
Herren R. Nicolovius (Hamburg), H. Schauer (Wien) und R. Ziegler (Stuttgart).
Frau E. Schmidt danke ich für ihre Mühe beim Schreiben der Druckvorlagen.

Hamburg   *H. Feldmann*

Inhaltsverzeichnis

1   Einleitung

Die auf die Grundlagen und das Prinzipielle hingerichteten
Fragen "Was ist eigentlich eine Rechenanlage?" und "Was
ist eigentlich ein Programm bzw. ein Algorithmus?" werden
in der Automatentheorie beantwortet durch Angabe eines
möglichst einfachen Prototyps einer Rechenanlage, der
"Turingmaschine" (Turing 1936), und Aufstellung der These,
daß jede Rechenanlage der Turingmaschine und jedes Rechen-
anlagenprogramm einem Turingprogramm äquivalent sind. Die
Begriffe Programm (mit Halt nach endlich vielen Schritten)
und Algorithmus werden gleichgesetzt.

In dieser Einleitung kann auf die Automatentheorie ver-
ständlicherweise nicht näher eingegangen werden, vielmehr
werden Rechenanlagen nur kurz hinsichtlich ihrer Funktion,
ihrer Hauptbestandteile und ihrer Benutzung besprochen
und einige einfache Programme bzw. Algorithmen in graphischer Darstellung (Flußdiagramme) als Beispiele angegeben.

1.1. Struktur von Rechenanlagen

Wurde bisher von Rechenanlagen gesprochen, so waren stets
programmgesteuerte, digitale, elektronische Rechenanlagen
gemeint. Nicht gemeint waren Rechenlagen mit unveränder-
lichem Programm wie z.B.Prozeßrechner zur Steuerung von
Fabrikationsvorgängen oder Rechenanlagen mit nichtdigita-
ler Informationsdarstellung wie z.B. Tourenzähler in Auto-
mobilen oder nichteleketronische Rechenlagen wie z.B.
Zahnrad-Tischrechner.

Hauptbestandteile einer Rechenlage sind der Speicher, das
Rechenwerk und das Befehlswerk, die in Abb.1.1a zusammen
mit den Richtungen des Informationsflusses dargestellt sind.

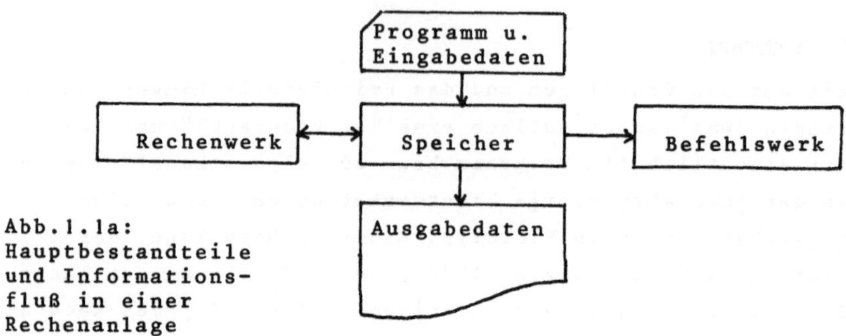

Abb.1.1a:
Hauptbestandteile
und Informations-
fluß in einer
Rechenanlage

Das Programm und die Eingabedaten werden (etwa von Lochkarten) in den Speicher eingelesen. Dann werden die Befeh-
le des Programms aus dem Speicher ihrer Reihenfolge nach
ins Befehlswerk gebracht und ausgeführt. Gemäß diesen Be-
fehlen werden die Eingabedaten vom Speicher ins Rechenwerk
transportiert, dort umgerechnet und Ergebnisse in den Speicher zurücktransportiert. Am Ende des Programms werden die
resultierenden Ausgabedaten aus dem Speicher(etwa über
Drucker) ausgegeben.

1.2 Darstellung von Algorithmen durch Flußdiagramme

Noch einfacher als die Darstellung eines Algorithmus in
ALGOL 60 ist die Darstellung eines Algorithmus graphisch
durch Flußdiagramme (1945 durch von Neumann und Goldstine
eingeführt). Dies gilt zumindest für kurze Algorithmen;
für längere Algorithmen werden Flußdiagramme unübersicht-
licher.

Als Vorübung zum Programmieren in ALGOL 60 und zur Erarbei-
tung einiger kurzer Beispiele (siehe 1.3) erläutern wir
daher den sehr leicht (fast intuitiv) verständlichen Auf-
bau von Flußdiagrammen. Dabei lassen wir Ein/Ausgabevor-
gänge zur Vereinfachung außer Betracht und benutzen zum
Teil von der Norm (DIN 66001 Informationsverarbeitung:
Sinnbilder für Datenfluß- und Programmablaufpläne incl.

Zeichenschablone. Berlin,Köln: Beuth-Vertrieb 1969) ab-
weichende Sinnbilder (siehe Abb.1.2a)

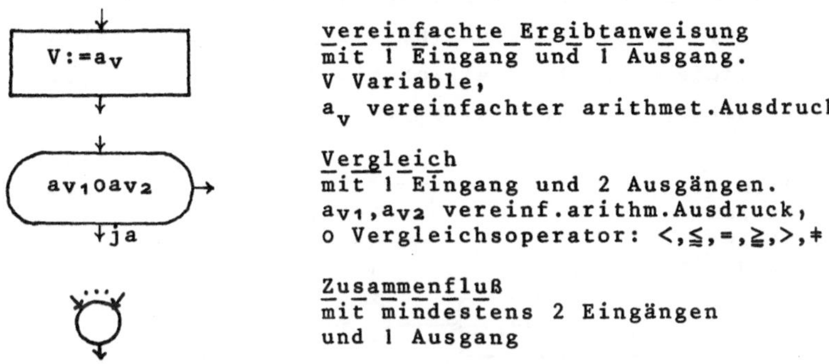

vereinfachte Ergibtanweisung
mit 1 Eingang und 1 Ausgang.
V Variable,
a_v vereinfachter arithmet.Ausdruck

Vergleich
mit 1 Eingang und 2 Ausgängen.
a_{v1},a_{v2} vereinf.arithm.Ausdruck,
o Vergleichsoperator: $<,\leqq,=,\geqq,>,\neq$

Zusammenfluß
mit mindestens 2 Eingängen
und 1 Ausgang

Abb.1.2a: Sinnbilder für Flußdiagramme

Eine vereinfachte Ergibtanweisung mit 1 Eingang und 1 Ausgang weist der Variablen mit dem Namen V den Wert des vereinfachten arithmetischen Ausdrucks (üblicher mathematischer arithmetischer Ausdruck, genauere Definitionen in
2.4,3.2) mit dem Namen a_v zu. Z.B. bedeutet X:=X+Y mit
derzeitigen Werten 1 für X und 2 für Y, daß X den neuen
Wert 3 erhält.

Ein Vergleich mit 1 Eingang und 2 Ausgängen vergleicht die
Werte der vereinfachten arithmetischen Ausdrücke, die die
Namen a_{v1},a_{v2} besitzen, und aktiviert den "ja"Ausgang,
wenn der Vergleich "ja" ergibt, sonst den anderen ("nein")
Ausgang. Z.B. bedeutet X+1$\leqq$Y+2 mit derzeitigen Werten 1
für X und 2 für Y, daß der "ja"Ausgang aktiviert wird.

Ein Flußdiagramm besteht aus endlich vielen vereinfachten
Ergibtanweisungen, Vergleichen und Zusammenflüssen und
hat genau 1 freien Eingang (Start) und endlich viele freie
Ausgänge (Halts).

1.3 Beispiele

1.3.1 Bestimmung des Maximums aus n reellen Zahlen

Zur Bestimmung des Maximums Max aus n reellen Zahlen
$a_1, \cdots, a_n$ nimmt man an, das jeweils betrachtete a_i
$(i=1, \cdots, n)$ sei das Maximum $(Max:=a_i)$ und korrigiert diese
Annahme laufend durch Vergleich mit dem folgenden a_{i+1}
$(i:=i+1; Max<a_i;$ wenn ja $Max:=a_i)$.

Beim Halt $(i=n)$
hat Max den
Wert des ge-
suchten Maxi-
mums

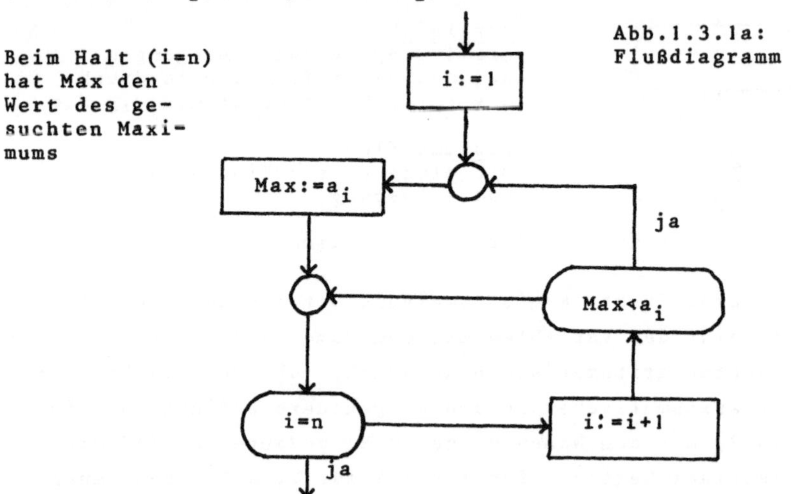

Abb.1.3.1a:
Flußdiagramm

1.3.2 Berechnung des Wertes eines reellen Polynoms

Zur Berechnung des Wertes p eines reellen Polynoms $\sum\limits_{i=0}^{n} a_i x^i$
formt man dieses Polynom (nach Horner) durch Aus-
klammern um in $(\cdots(a_n x + a_{n-1})x + \cdots + a_1)x + a_0$ und hat nun bei
der Berechnung laufend gleichartige Operationen $p \times x + a_i$
$(i=n-1, \cdots, 0)$ auszuführen.

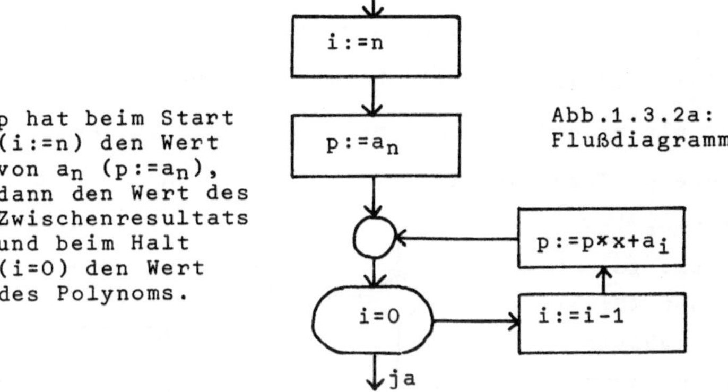

p hat beim Start
(i:=n) den Wert
von a_n ($p:=a_n$),
dann den Wert des
Zwischenresultats
und beim Halt
(i=0) den Wert
des Polynoms.

Abb.1.3.2a:
Flußdiagramm

1.3.3 Berechnung von $+\sqrt{a}$ (a>0) nach Newton

Zur Berechnung von $+\sqrt{a}$ (a>0) nach dem Newton'schen Ite-

rationsverfahren $x_{n+1}=\frac{1}{2}(x_n+\frac{a}{x_n})$ (n=0,1,2,$\cdots$) wählt man

beim Start als Anfangswert z.B. den Wert von a ($x_0:=a$)

und berechnet daraus x_1. An Stelle vieler $x_0,x_1,x_2,\cdots$

kann man auch durch Wertrückübertragung ($x_0:=x_1$) mit

x_0,x_1 allein auskommen.

Der Halt ($|x_1-x_0|<\varepsilon$)
tritt ein, wenn die
Werte von x_1 und x_0
sich dem Betrage nach
um weniger als ε unter-
scheiden; x_1 ist das
Ergebnis.

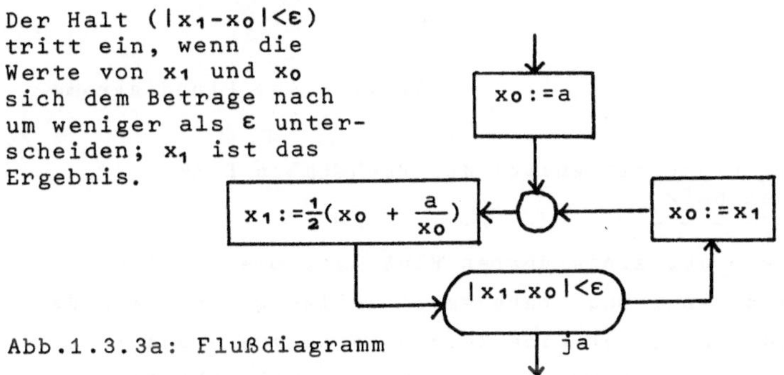

Abb.1.3.3a: Flußdiagramm

1.3.4 Bestimmung des größten gemeinsamen Teilers von zwei natürlichen Zahlen

Zur Bestimmung des größten gemeinsamen Teilers von zwei

natürlichen Zahlen n_1,n_2 nach dem Euklidischen Algorith-

mus stellt man im Bedarfsfall (nicht $n_1 \geqq n_2$) die beiden

Zahlen zunächst so um (Tausch:=n_1;n_1:=n_2;n_2:=Tausch),
daß n_1 die größere Zahl ist. Dann wird n_2 von n_1 so oft
abgezogen (n_1:=n_1-n_2) wie möglich ($n_1 \geq n_2$?). Der Rest n_1
ist kleiner als n_2 und wird mit n_2 vertauscht, so daß
n_1 wieder die größere Zahl ist.

Der Algorithmus
(der hier zwar ge-
nannt aber der Kürze
halber nicht gültig
bewiesen wird) kommt
zum Halt, wenn der
Rest n_1 den Wert 0
besitzt (n_1=0); n_2
ist das Ergebnis.
Die Einführung der
Hilfsgröße Tausch
ist für den Tausch
(leider) erforderlich.

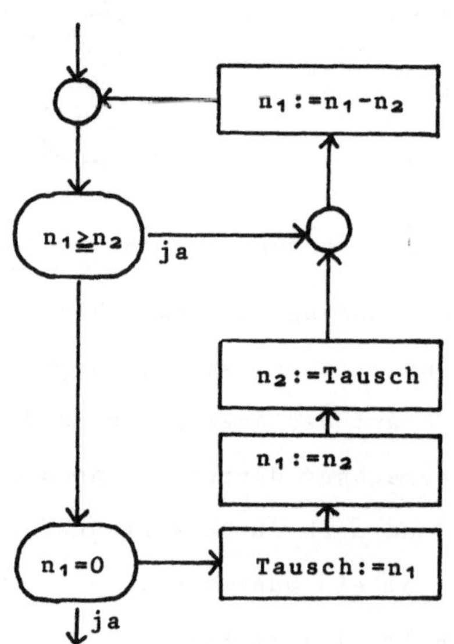

Abb.1.3.4a: Flußdiagramm

1.3.5 Ermittlung der Anzahl der Buchstaben E in
      einem Satz
- -
Da innerhalb der eingeführten Flußdiagramme nur Zahlenwerte, nicht aber Buchstabenwerte zulässig sind, muß der
vorliegende Satz, der eine Zeichenkette aus ⊔,A,···,Z,.
ist, zunächst umcodiert werden in eine Zahlenkette aus
0,···,27. ⊔ entspricht 0, A entspricht 1, E entspricht 5,
Z entspricht 26 und . entspricht 27. Z.B. entspricht der
Satz BADEN⊔VERBOTEN. der Zahlenkette 2,1,4,5,14,0,22,5,18,
2,15,20,5,14,27. Es ist also die Anzahl der Zahlen 5 in

einer mit der Zahl 27 abschließenden Zahlenkette zu er-
mitteln.

Dazu wird die gesuchte Anzahl zunächst auf O gesetzt
(Anzahl:=0) und die wichtigen Vergleichsgrößen mit Namen
E, Punkt erhalten ihre Zahlenwerte (E:=5;Punkt:=27). Die
Größe mit Namen Buchstabe
erhält als Wert den Wert
der ersten Zahl (Buch-
stabe:=Zahl) aus der
Zahlenkette, später den
Wert der jeweils betrach-
teten folgenden Zahl. Wenn
dieser Wert gleich dem
Wert von E ist (Buchstabe=
E), dann wird die Anzahl
um 1 heraufgesetzt
(Anzahl:=Anzahl+1). Der
Halt tritt ein, wenn der
Punkt am Ende des Satzes
(Buchstabe=Punkt) er-
reicht ist; Anzahl ist
das Ergebnis.

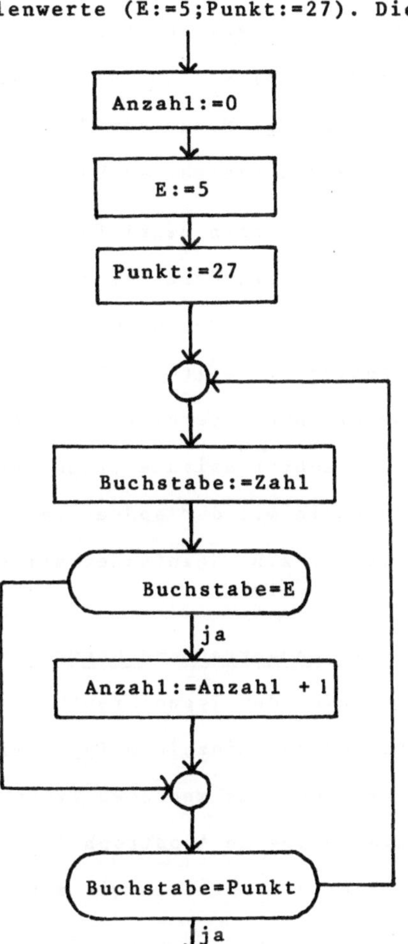

Abb.1.3.5a: Flußdiagramm

2 ALGOL-60-Auszug

Um den Leser frühzeitig in den Stand zu setzen, kleinere
ALGOL-60-Programme selbst zu erstellen und an einer Rechenanlage zu testen und durchzurechnen, soll in Kapitel 2 ein
kurzer Auszug aus ALGOL 60 angegeben werden, der in den
folgenden Kapiteln auf den vollen ALGOL 60 Umfang erweitert wird. Die Menge der Programme des ALGOL 60 Auszugs
ist eine Untermenge der Menge der ALGOL 60 Programme.

Die grammatischen Begriffe des ALGOL 60 Auszugs werden
zum Teil unverändert bei der Erweiterung auf den vollen
ALGOL 60 Umfang übernommen. Vereinfachungen, die nur für
den Auszug in Kapitel 2 Gültigkeit haben, werden durch die
Vorbezeichnung "vereinfacht" kenntlich gemacht, z.B.
"vereinfachter arithmetischer Ausdruck", und sind nicht zu
verwechseln mit der später verwendeten Vorbezeichnung
"einfach", z.B. "einfacher arithmetischer Ausdruck".

2.1 Zeichenvorrat und Grammatik-Notation

Aus Gründen der Typen-Ersparnis können ALGOL-60-Zeichen
nicht nur aus einzelnen Typen wie z.B. A|||+ bestehen,
sondern auch aus mehreren Typen zusammengesetzt und durch
Einklammerung in Apostroph ' oder spitze Klammern 〈 〉
kenntlich gemacht sein wie z.B. 'BEGIN'|'END'|〈PROGRAM〉.

Da das Komma "," selbst ein ALGOL-Zeichen ist, wird im Text,
wenn Zeichen aufgelistet werden, an Stelle des Kommas der
senkrechte Strich | zur Trennung verwendet wie z.B. oben
oder bei A|,|+   .

Zur Abkürzung von Auflistungen sind Punkte •
in mittlerer Höhe zugelassen wie z.B. bei A|•••|Z. Um
Mehrdeutigkeiten zu vermeiden, sind die Zeichen '⟨⟩|•
zumindest als einzelne Typen selbst keine ALGOL-60-Zeichen.

2.1.1 Endzeichen-Vorrat

Ein den Regeln entsprechend aufgestelltes ALGOL-60-Programm
besteht nur aus Endzeichen aus dem Endzeichen-Vorrat, der
im einzelnen besteht aus

Buchstaben	A|B|C|D|E|F|G|H|I|J|K|L|M|N|O|P|
	Q|R|S|T|U|V|W|X|Y|Z
Ziffern	0|1|2|3|4|5|6|7|8|9
sonst.Einzel-Typen-Zeichen	+|-|×|/|÷|↑|<|≤|=|≥|>|≠|≡|⊃|∨|∧|¬|,|.|₁₀|
	:|;|:=|⊔|(|)|[|]|'|'
Mehr-Typen-Zeichen	'TRUE'|'FALSE'|'GO TO'|'IF'|'THEN'|'ELSE'|
	'FOR'|'DO'|'STEP'|'UNTIL'|'WHILE'|'COMMENT'|
	'BEGIN'|'END'|'OWN'|'BOOLEAN'|'INTEGER'|
	'REAL'|'ARRAY'|'SWITCH'|'PROCEDURE'|'STRING'|
	'LABEL'|'VALUE'|'CODE'

Für spezielle Eingabe- und Ausgabegeräte gibt es entsprechend der jeweiligen Anzahl und Art der vorhanden Typen
spezielle Konventionen zur Darstellung der Endzeichen;
siehe Anhang A1.

2.1.2 Hilfszeichen-Vorrat

Die Regeln der ALGOL-60-Grammatik lassen sich zum großen
Teil als sogenannte "kontextfreie Semi-Thue-Produktionen"

formulieren; siehe Anhang A2 und Anhang A3. Benötigt werden dazu außer den Endzeichen aus dem Endzeichen-Vorrat
auch noch Hilfszeichen aus dem Hilfszeichen-Vorrat

$$\langle \text{PROGRAM} \rangle \,|\, \cdots \,|\, \langle \text{FOR LIST ELEMENT} \rangle$$

der im Anhang A2 (und Anhang A3) im einzelnen aufgeführt
wird, sowie ein Produktionszeichen ::=, das wie die Zeichen
'$\langle \rangle |$ · nicht dem Zeichenvorrat der ALGOL-60-Grammatik, d.h.
der Vereinigung aus Endzeichen- und Hilfszeichenvorrat,
angehört. Die abkürzende Schreibweise, nach der mehrere
linksseitig gleiche Regeln mit Hilfe des Zeichens $|$ auf-
gelistet werden, siehe Anhang A2, heißt Backus-Notation.

2.1.3 Grammatik-Notation durch Produktionsschemata

In diesem Script werden die Hilfszeichen der Einfachheit
halber in deutscher Übersetzung (auch in Abkürzungen) ohne
spitze Klammern $\langle \rangle$ notiert,und zur Notation der Grammatik
werden an Stelle der Semi-Thue-Produktionen graphische
Produktionsschemata (als Beispiel 2.7ff) verwendet, die im
einzelnen bestehen aus

    Endzeichen (siehe 2.1.1),

    Hilfszeichen (frei nach 2.1.2),

    liegenden geschweiften Klammern $\overset{(1)}{\frown}$, d.h. "für (1)setze (2)",

    geschweiften Klammerpaaren $\left\{ \begin{matrix} (1) \\ (2) \end{matrix} \right\}$,d.h. "setze (1) bzw.(2)",

    Verzweigungsstrichen $\underset{(2)\frown(3)}{(1)}$, d.h. "für (1) setze (2) bzw.(3)",

    Punkten in mittlerer Höhe (1)···(1), d.h. "Kette aus min-
destens einem (1)",

    Unterschlängelungen (1), d.h. "(1) darf entfallen".

Ferner wird die Original-Grammatik des "Revised Reports on
the Algorithmic Language ALGOL 60" (Herausgeber P.Naur
1962) etwas gestrafft, z.B. wird das Hilfszeichen
<COMPOUND STATEMENT> eliminiert. Die so erhaltene Gramma-
tik ist jedoch der Original-Grammatik äquivalent, da sie
die gleiche Sprache ALGOL 60 erzeugt.

2.2 Vorzeichenlose Zahlen

Produktionsschema:

$$\underbrace{\underset{\sim\sim\sim}{Y\cdots Y}._{\sim}\underset{}{Y\cdots Y}_{10}\,\{\underset{\sim}{\pm}\}\,Y\cdots Y}_{\text{Vorzeichenlose Zahl}} \qquad Y \ \text{Ziffer}$$

2.2.1 Zusatzregel gegen Leerzahlen:

Die vorzeichenlose Zahl muß aus mindestens einer Ziffer Y
bestehen, d.h. die Unterschlängelungen dürfen nicht so zu-
sammenwirken, daß alles entfällt.

Erläuterungen: Die Ziffern Y und die übrigen Endzeichen
.|$_{10}$|+|- sind in 2.1.1 eingeführt. Der Punkt . dient als
Dezimalpunkt, die tiefgestellte Zehn $_{10}$ als Anfang und die
Zeichen +|- als Vorzeichen des Exponententeils. Durch Unter-
schlängelungen (2.1.3) sind mögliche Spezialfälle festgelegt; siehe Beispiele.

Beispiele: $123.456789012_{10}-152|$
               $123456789012|$
               $1.2|_{10}3|1.2_{10}3|.4$

Beschränkungen in der zulässigen Maximalanzahl von Ziffern
Y im Mantissen- oder im Exponententeil sind für jede
Rechenanlage speziell vereinbart.

2.3 Bezeichnungen

Produktionsschema:

$$\overbrace{K\,\{^K_Y\}\cdots\{^K_Y\}}^{\text{Bezeichnung}}\qquad\qquad K \text{ Buchstabe, } Y \text{ Ziffer}$$

Erläuterungen: Die Buchstaben K (K hier Abkürzung für alle
Buchstaben und nicht nur für K) und die Ziffern Y sind in
2.1.1 eingeführt. Eine Bezeichnung beginnt gemäß diesem
Produktionsschema stets mit einem Buchstaben und kann an-
schließend beliebig viele Buchstaben oder Ziffern enthalten.

Beispiele: X|ALPHA|K2R

Beschränkungen in der zulässigen Maximalanzahl von Zeichen
für eine Bezeichnung sind für jede Rechenanlage speziell
vereinbart. Vorbelegt sind z.B. Bezeichnungen von Stan-
dardfunktionsprozeduren SQRT|ABS (siehe 2.4.4) oder Be-
zeichnungen von Standardprozeduranweisungen INPUT|OUTPUT
(siehe 2.7).

2.4 Vereinfachte arithmetische Ausdrücke

Produktionsschema:

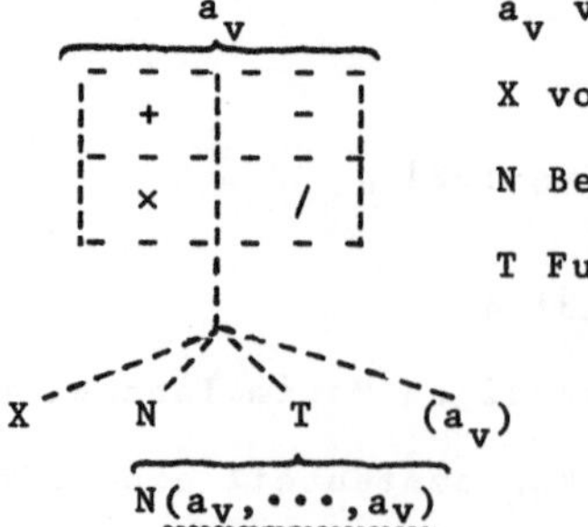

2.4.1 <u>Zusatzregel zur Produktion:</u>

Die gestrichelten Linien im Produktionsschema 2.4 sind so
zu verstehen, daß ein vereinfachter arithmetischer Ausdruck
a_v nach mathematischen Konventionen ohne Benutzung von zusätzlichen Klammern aus vorzeichenlosen Zahlen X, Bezeichnungen N, Funktionsprozeduraufrufen T oder in Klammern
( ) gesetzten vereinfachten arithmetischen Ausdrücken a_v
ohne oder mit Hilfe der Verknüpfungen ×|/|+|- zusammen-
gesetzt wird. Auch die üblichen Vorrangregeln zur Klammerersparnis "Verknüpfung ×,/ vor Verknüpfung +,-" sollen
gelten. {±}a_v kann für 0{±}a_v stehen.

2.4.2 <u>Zusatzregel zum Vorrang:</u>

Zur weiteren Klammerersparnis wird über 2.4.1 hinaus vereinbart, daß gleichberechtigte Verknüpfungen in der Reihenfolge von links nach rechts ausgeführt werden, z.B. hat
6/3/2×7 den Wert 7.

2.4.3 <u>Zusatzregel für Typ der Bezeichnungen:</u>

Eine Bezeichnung N in einem vereinfachten arithmetischen
Ausdruck muß eine Größe vom Typ 'REAL' oder 'INTEGER' bezeichnen (vgl.2.6).

2.4.4 <u>Zusatzregel für Funktionsprozeduraufrufe:</u>

Als Funktionsprozeduraufrufe T sind (vereinfacht) nur
die Standardfunktionsprozeduraufrufe

      SQRT(a_v) d.h. "Berechnung der positiven Quadratwurzel"

      ABS(a_v) d.h. "Berechnung des Absolutbetrags"

zugelassen (siehe 3.1.1).

$\underline{2}.\underline{4}.\underline{5}$ $\underline{Erläuterungen}$: Vorzeichenlose Zahlen X, Bezeichnungen N sowie die Endzeichen $+|-|\times|/|(|,|)$ sind bereits eingeführt; vereinfachte arithmetische Ausdrücke a_v und Funktionsprozeduraufrufe T werden durch das Produktionsschema und die Zusatzregeln definiert. Nach der "rekursiven Definition" von a_v durch (a_v) oder $N(a_v, \cdots, a_v)$ können in einem vereinfachten arithmetischen Ausdruck a_v (Schema oben) andere vereinfachte arithmetische Ausdrücke a_v (Schema unten) enthalten sein (und in diesen wiederum andere).

$\underline{Beispiele}$:

mathem. Schreibweise	ALGOL Schreibweise	ALGOL-Wert
$2u+v$	$2\times U+V$	z.B.4 für U=1,V=2
$\dfrac{a+b}{c}d$	$(A+B)/C\times D$	z.B.4 für A=1,B=2,C=3,D=4
$x+\sqrt{1+\lceil 2-y\rceil}$	X+SQRT(1+ABS(2-Y))	z.B.2 für X=1,Y=2
$\dfrac{\dfrac{a_1}{a_2}}{a_3}$	A1/A2/A3 (von links!)	z.B.1 für A1=8,A2=4,A3=2
$1,2\cdot10^3$	$1.2_{10}3$	$1.2_{10}3$
$-1,2\cdot10^3(\text{-Vorzeichen})$	$-1.2_{10}3$	$-1.2_{10}3$
K2R(math.Bezeichn.)	K2R	je nach bisher.Rechnung
$-x+1$ (-Vorz.,+Verkn.)	$-X+1$	z.B.O für X=1

2.5 Vereinfachte logische Ausdrücke

Produktionsschema:

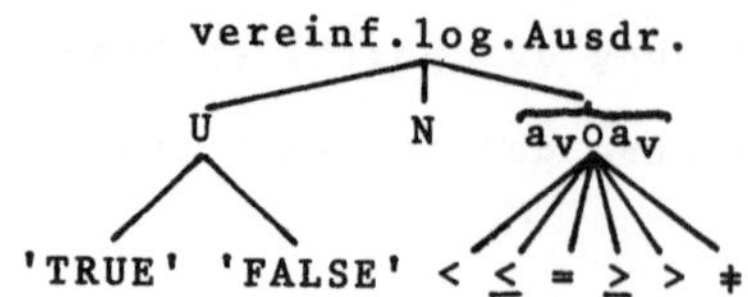

U logischer Wert
N Bezeichnung
a_v vereinf.arithm.Ausdr.
o Vergleichsoperator

2.5.1 Zusatzregel für Typ der Bezeichnungen:
Eine Bezeichnung N als vereinfachter logischer Ausdruck
muß eine Größe vom Typ 'BOOLEAN' bezeichnen; vgl.2.6.

2.5.2 Zusatzregel für Vergleichsoperatoren:
Die Vergleichsoperatoren o haben die in der Mathematik
übliche Bedeutung von "kleiner" <, "kleiner gleich" $\leq$,
"gleich" =, "größer gleich" $\geq$, "größer" > oder "ungleich"
$\neq$ und ordnen $a_v o a_v$ in üblicher Weise den Wert 'TRUE'
bzw. 'FALSE' zu.

2.5.3 Erläuterungen: Bezeichnungen N, vereinfachte arith-
metische Ausdrücke a_v sowie die Endzeichen 'TRUE'|'FALSE'|
<|$\leq$|=|$\geq$|>|$\neq$ sind bereits eingeführt; vereinfachte logische
Ausdrücke, logische Werte U und Vergleichsoperatoren o
werden durch das Produktionsschema und die Zusatzregeln
definiert. Der Wert eines vereinfachten logischen Ausdrucks ist entweder 'TRUE' oder 'FALSE'.

Beispiele:

log.Schreibweise	ALGOL-Schreibw.	ALGOL-Wert
wahr	'TRUE'	'TRUE'
K2R(log.Bezeichnung)	K2R	je nach bish.Rechnung
$2 \leq 1$	$2 \leq 1$	'FALSE'
$2x-1 \neq \sqrt{x}$	$2 \times X-1 \neq SQRT(X)$	z.B.'FALSE' für X=1

2.6 Vereinfachte Typvereinbarungen

Produktionsschema:

$$\text{Vereinf.Typvereinb.}$$

$$\left\{\begin{array}{l}\text{'REAL'}\\ \text{'INTEGER'}\\ \text{'BOOLEAN'}\end{array}\right\}\quad N,\cdots,N \qquad\qquad N\ \text{Bezeichnung}$$

Erläuterung: Eine Größe besteht zu jeder Zeit aus einem
Namen und einem Wert (ist also eine Relation aus Zeitmenge ×
Namensmenge × Wertmenge). Für jeden Block (siehe 2.7) muß
der Name (Bezeichnung N) und die zulässige Wertmenge (Typ)
jeder vorkommenden Größe vereinbart werden.

2.6.1 Zusatzregel für Erfordernis einer vereinfachten
      Typvereinbarung:
Jede in einem Block aufgerufene Größe muß in diesem oder
einem übergeordneten (vgl.5.2) Block, aber nicht in einem
untergeordneten Block, genau einmal (als vereinfachte Typvereinbarung) vereinbart werden (vgl.4.2.1).

2.6.2 Zusatzregel für Typisierung:
Durch eine vereinfachte Typvereinbarung wird vereinbart,
daß alle Größen, deren Bezeichnungen N aufgelistet worden
sind, nur Werte vom Typ

'REAL'	d.h. $\{\pm\}X$,	X vorzeichenlose Zahl, bzw.
'INTEGER'	d.h. $\{\pm\}Y\cdots Y$,	Y Ziffer, bzw.
'BOOLEAN'	d.h. $\{{}^{\text{'TRUE'}}_{\text{'FALSE'}}\}$	

annehmen.

Beispiele:

vereinfachte Typvereinbarung	zulässige ALGOL-Werte
'REAL'X,Y	z.B.$X=-1.5_{10}-3$,$Y=4$
'INTEGER'K2R,I	z.B.K2R=123456789012,I=4
'BOOLEAN'MINDERJAEHRIG	z.B.MINDERJAEHRIG='FALSE'

2.7 Programm, Blöcke, Anweisungen

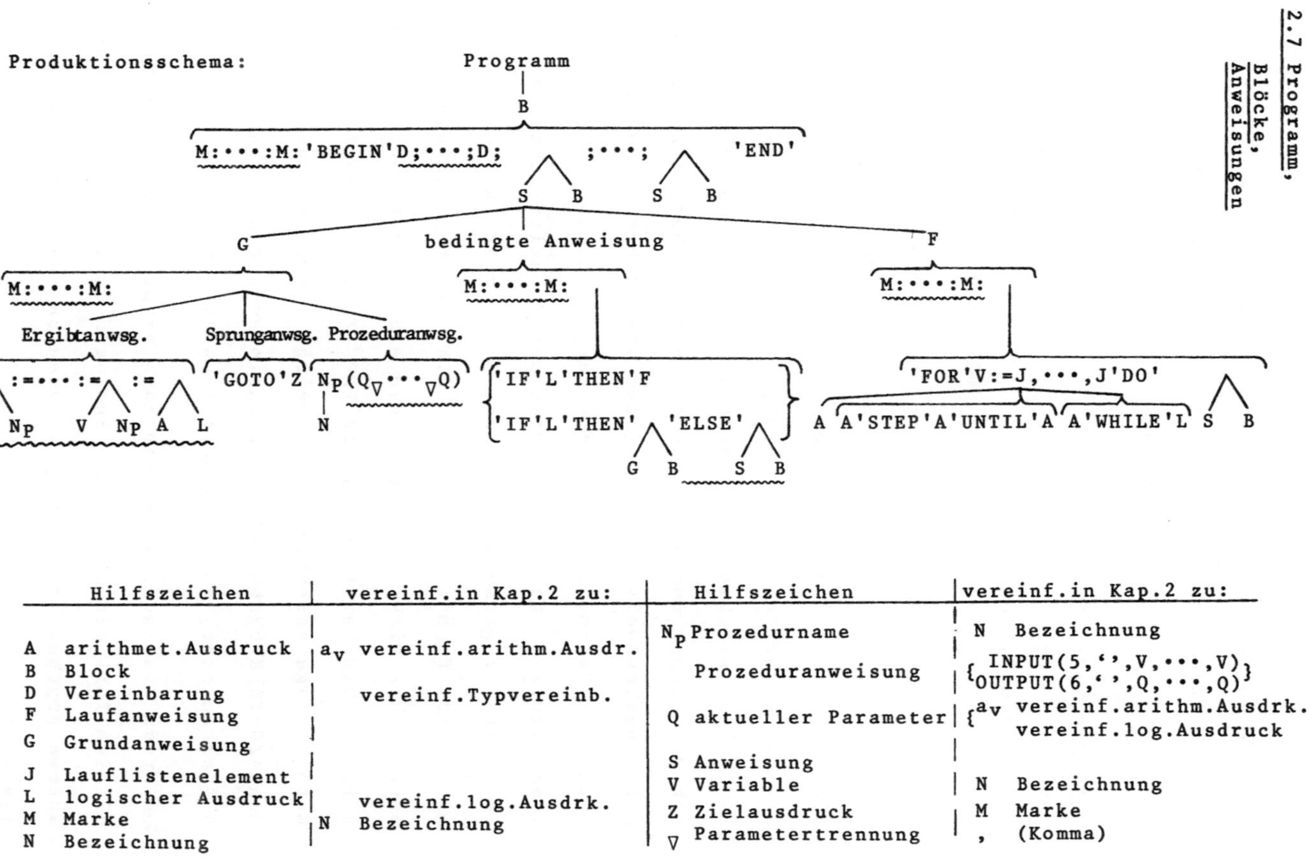

Hilfszeichen	vereinf.in Kap.2 zu:	Hilfszeichen	vereinf.in Kap.2 zu:
A arithmet.Ausdruck	a_v vereinf.arithm.Ausdr.	N_P Prozedurname	N Bezeichnung
B Block		Prozeduranweisung	$\{$INPUT(5,' ',V,•••,V) OUTPUT(6,' ',Q,•••,Q)$\}$
D Vereinbarung	vereinf.Typvereinb.	Q aktueller Parameter	$\{$ a_v vereinf.arithm.Ausdrk. vereinf.log.Ausdruck $\}$
F Laufanweisung			
G Grundanweisung		S Anweisung	
J Lauflistenelement		V Variable	N Bezeichnung
L logischer Ausdruck	vereinf.log.Ausdrk.	Z Zielausdruck	M Marke
M Marke	N Bezeichnung	∇ Parametertrennung	, (Komma)
N Bezeichnung			

Nach diesem Produktionsschema kann jedes ALGOL 60-Programm erzeugt werden. Abgesehen vom 'COMMENT' (siehe 2.7.6) wird Beispiel 2.8.6 wie folgt (zeilenweise) erzeugt:

```
                          Programm
                          B
'BEGIN'D;S;S;             S              ;S'END'
'BEGIN'D;G;G;             F              ;G'END'
'BEGIN'D;G;G;'FOR'V:=     J        'DO'S;G'END'
'BEGIN'D;G;G;'FOR'V:=A'STEP'A'UNTIL'A'DO'G;G'END'
```

Das Produktionsschema ist endgültig und wird später nicht mehr verändert. Im Fußtext sind jedoch Vereinfachungen für dieses Kapitel 2 vorgeschlagen, die es gestatten, allein mit den bisher eingeführten Begriffen Bezeichnung N, vereinfachter arithmetischer Ausdruck a_v, vereinfachter logischer Ausdruck und vereinfachte Typvereinbarung auszukommen. Die Eingabeanweisung INPUT (etwa von Lochkarte auf den aktuellen Parameter Q) und die Ausgabeanweisung OUTPUT (vom aktuellen Parameter Q etwa auf Schnelldrucker) sind in Kapitel 7 genau beschrieben. Sie werden in diesem Kapitel mit leeren Formatelementen ❝❞, d.h. im Standardformat, benutzt. Ihre Wirkungsweise in den einfachen Beispielen ist evident. Die Gerätenummern in INPUT/OUTPUT, die für jede Rechenanlage verschieden festgelegt werden können, sind den AEG-TELEFUNKEN TR440-Konventionen entsprechend mit 5 (Kartenleser) und 6 (Drucker) angegeben.

Zum Produktionsschema gehören noch verbale Zusatzregeln, die zum Teil einschränkende Bedingungen für das Produktionsschema ergeben, zum Teil die Bedeutung des Programms festlegen:

2.7.1 _Zusatzregel_für_Programmablauf,_Sprunganweisungen,_
       Marken:

Das Programm wird in Schriftreihenfolge (und mit entsprechen-
dem Start und Halt) von links nach rechts und von oben nach
unten durchlaufen, ausgenommen Sprunganweisungen 'GO TO'Z
(hier vereinfacht 'GO TO'M), nach denen auf das Sprung-
ziel Z (hier vereinfacht die Marke M) gesprungen wird,
das notwendigerweise im Programm vorhanden sein muß
(vgl.5.2.2,4.2.1).

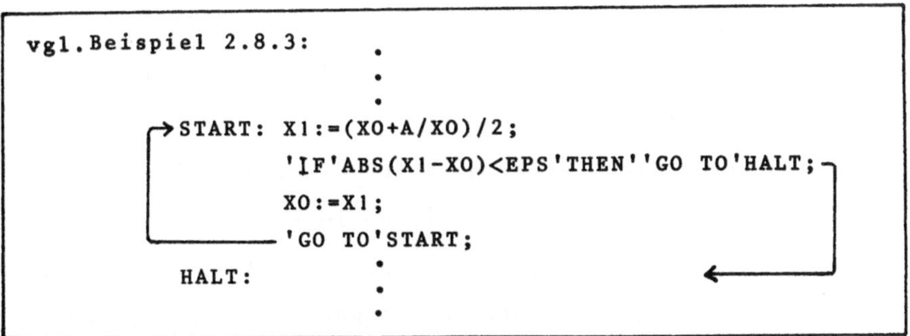

```
vgl.Beispiel 2.8.3:         .
                            .
                            .
    ┌─>START: X1:=(XO+A/XO)/2;
    │        'IF'ABS(X1-XO)<EPS'THEN''GO TO'HALT; ┐
    │        XO:=X1;                              │
    └───────── 'GO TO'START;                      │
         HALT:        .                      <────┘
                      .
                      .
```

2.7.2 _Zusatzregel_für_Ergibtanweisungen_:

Allen linksstehenden Variablen V (hier vereinfacht Bezeichnungen N) wird, wenn der Programmablauf die Ergibtanweisung
erreicht, der derzeitige Wert des rechtsstehenden arithmetischen Ausdrucks A bzw. logischen Ausdrucks L (hier vereinfachter arithmetischer Ausdruck a_v bzw. vereinfachter logischer Ausdruck) zugewiesen. Alle Variablen V müssen vom
selben Typ sein. Ist V vom Typ 'REAL' oder 'INTEGER', so
muß A ein arithmetischer Ausdruck, ist V vom Typ 'BOOLEAN',
so muß A ein logischer Ausdruck sein (vgl. Zusatzregel 6.1.5).

---

aus Beispiel 2.8.3: $X1:=(X0+A/X0)/2$

Beim ersten Durchlauf ist der Wert von X0
gleich dem Wert von A gleich 9, d.h. der
Wert von X1 wird 5.

2.7.3 Zusatzregel für bedingte Anweisungen:

Ist der Wert des logischen Ausdrucks L (hier vereinfachter
logischer Ausdruck) 'TRUE', wenn der Programmlauf die
bedingte Anweisung erreicht, dann wird der zu 'THEN' gehörige Programmteil durchlaufen und der zu 'ELSE' gehörige
Programmteil übersprungen; ist der Wert des logischen Ausdrucks L 'FALSE', dann wird der zu 'THEN' gehörige Programmteil übersprungen und der zu 'ELSE' gehörige Programmteil durchlaufen. Ist kein 'ELSE' mit zugehörigem Programmteil vorhanden (Unterschlängelung im Produktionsschema),
so gilt obengesagtes in gekürzter Form, d.h. der zu 'THEN'
gehörige Programmteil wird bei 'TRUE' durchlaufen und bei
'FALSE' übersprungen.

---

vgl.Beispiel 2.8.3: 'IF'ABS(X1-X0)<EPS'THEN''GO TO'HALT

Beispiel zweier geschachtelter bedingter Anweisungen zur
Berechnung des Vorzeichens VX von X (vgl.SIGN(X)3.1.2):

     G   S

'IF'X<0'THEN'VX:=-1'ELSE''IF'X=0'THEN'VX:=0'ELSE'VX:=1

Eine Schachtelung der Form (Gegenbeispiel)

          S?

'IF'L'THEN''IF'L'THEN'G'ELSE'G

        S?

wäre mehrdeutig (und nach dem Produktionsschema unzulässig),
da nicht gesagt ist, zu welchem 'IF' das 'ELSE' gehört. Man
kann jedoch durch Einschließen in 'BEGIN' und 'END' eine Anweisung S zu einem Block B und dadurch die Schachtelung ein-
deutig (und nach dem Produktionsschema zulässig) machen. Ein-
deutig und zulässig nach dem Produktionsschema ist dagegen
eine Schachtelung der Form

$$\boxed{\text{'IF'L'THEN'}\overbrace{\text{'FOR'V:=J'DO'}\text{'IF'L'THEN'G'ELSE'G}}^{F}}$$

<u>2.7.4 Zusatzregel für Laufanweisungen</u>:
Laufanweisungen sind sehr übersichtliche Kurzschreibweisen
für Programmteile, die mehrfach durchlaufen werden. Ihre
Bedeutung wird durch bereits bekannte Begriffe vollständig
erklärt.

<u>2.7.4.0</u>   'FOR'V:=J_1,$\cdots$,J_n'DO'SB   (SB ist S oder B)
          bedeutet

$$\boxed{\begin{array}{l} V:=J_1;SB; \\ \vdots \\ V:=J_n;SB \end{array}}$$

          d.h. mehrfaches Durchlaufen von SB nacheinander

          mit verschiedenen J, d.h. verschiedenen V.

Die Lauflistenelemente J können laut Produktionsschema jeweils einer der folgenden drei Arten 2.7.4.1,2.7.4.2,2.7.4.3
entsprechen:

<u>2.7.4.1</u>   'FOR'V:=$\overbrace{A}^{J}$'DO'SB   (SB ist S oder B)
          bedeutet

$$\boxed{V:=A;SB}$$

          d.h. J ist hier arithmetischer Ausdruck

2.7.4.2 'FOR'V:=A_1'STEP'A_2'UNTIL'A_3'DO'SB   (SB ist S oder B)
         bedeutet

```
    V:=A₁;
M1:'IF'(V-A₃)×SIGN(A₂)>O'THEN''GO TO'M2;
    SB;
    V:=V+A₂;
    'GO TO'M1;
M2:
```

         d.h. J ist hier Laufvorschrift (ähnlich mathemati-
         schen Laufvorschriften für Summen), die bedeutet,
         daß SB für alle V gleich $A_1,A_1+A_2,A_1+2×A_2,\cdots$
         bis höchstens gleich A_3 durchlaufen wird. Da die
         arithmetischen Ausdrücke A_1,A_2,A_3 nicht notwendig
         positiv sind, muß das Überschreiten der Grenze A_3
         unter Berücksichtigung des Vorzeichens von A_2
         (SIGN siehe 3.1.2) abgefragt werden.

aus Beispiel 2.8.6:

```
        V  A₁     A₂      A₃              S
        |  |      |       |      ┌────────────────────┐
    'FOR'I:=1'STEP'1'UNTIL'N'DO'FAKULTAET:=FAKULTAET×I
```

2.7.4.3 'FOR'V:=A'WHILE'L'DO'SB   (SB ist S oder B)
         bedeutet

```
M1:V:=A;
   'IF'¬L'THEN''GO TO'M2;
   SB;
   'GO TO'M1;
M2:
```

         d.h. J ist hier eine Laufvorschrift mit Abbruch-
         kriterium L (Negation ¬ siehe 3.2). V ist zwar
         während des Laufs immer gleich A, aber der Wert
         von A kann sich während des Laufs ändern (s.u.).

aus Beispiel 2.8.7:

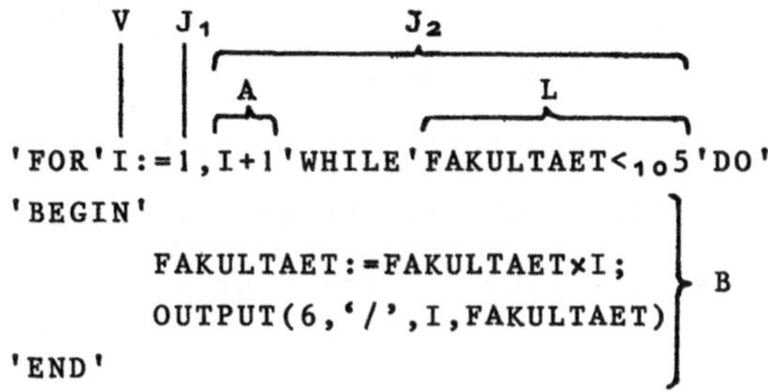

J_1 entspricht 2.7.4.1 und J_2 entspricht 2.7.4.3, insgesamt liegt 2.7.4.0 vor.

2.7.5 Zusatzregel für Typumwandlungen 'REAL'-'INTEGER':
In der Ergibtanweisung und in der Laufanweisung ist bei V:=A zulässig, daß V vom Typ 'REAL' und A vom Typ 'INTEGER' oder umgekehrt ist. Es findet dann automatisch eine Typumwandlung von A statt, im ersten Fall direkt, im zweiten Fall mittels Aufrunden (ENTIER(A+O.5) siehe 3.1.2).

2.7.6 Zusatzregel für Kommentar etc.:
Kommentare, d.h. erläuternder Text darf im Programm an bestimmten Stellen, nämlich bei 'BEGIN', bei Semikolon und bei 'END', folgendermaßen eingeschoben werden:

statt	darf geschrieben werden
'BEGIN'	'BEGIN''COMMENT' Zeichenkette ohne Semikolon; Kommentar
;	;'COMMENT' Zeichenkette ohne Semikolon; Kommentar
'END'	'END' Zeichenkette ohne Semikolon,ohne 'END', ohne 'ELSE' Kommentar

Für das Programm haben Kommentare keine Bedeutung.

Ferner dürfen Leerzeichen ⋃, d.h. Zwischenräume, überall
eingeschoben werden. Sie haben nur in 'STRING'-Texten
(siehe 6.1.4, 6.2,7) eine Bedeutung für das Programm.
Übergang auf eine neue Zeile hat keine Bedeutung für die
Niederschrift und Eingabe des Programms, kann jedoch bei
Ausgabe von Daten (siehe 7) veranlaßt werden.

<u>2.8 Beispiele</u>

2.8.1 Bestimmung des Maximums aus n reellen Zahlen
      (vgl.1.3.1)

```
'BEGIN''COMMENT'MAX AUS N REELLEN ZAHLEN;
        'INTEGER'N,I;'REAL'ZAHL,MAX;
        INPUT(5,'',N,MAX);
        'FOR'I:=2'STEP'1'UNTIL'N  'DO'
        'BEGIN'
                INPUT(5,'',ZAHL);
                'IF'MAX<ZAHL'THEN'MAX:=ZAHL
        'END';
        OUTPUT(6,'',MAX)
'END'
```

Gegeben seien die Zahlen 4,7,5

INPUT von Karte	OUTPUT über Drucker
3,4,7,5	7

2.8.2 Berechnung des Wertes eines reellen Polynoms (vgl.1.3.2)

```
'BEGIN''COMMENT'WERT EINES REELLEN POLYNOMS;
        'INTEGER'N,I;'REAL'X,P,KOEFF;
        INPUT(5,'',N,X,P);
        'FOR'I:=N-1'STEP'-1'UNTIL'O'DO'
        'BEGIN'
                INPUT(5,'',KOEFF);
                P:=P×X+KOEFF
        'END';
        OUTPUT(6,'',P)
'END'
```

Gegeben sei das Polynom $4x^3+3x^2+2x+1, x=2$

INPUT von Karte	OUTPUT über Drucker
3,2,4,3,2,1	49

2.8.3 Berechnung von $^+\sqrt{a}$ (a>0) nach Newton (vgl.1.3.3)

```
'BEGIN''COMMENT'WURZEL(A)NACH NEWTON;
       'REAL'A,XO,X1,EPS;
       INPUT(5,' ',A,EPS);
       XO:=A;
       'FOR'X1:=(XO+A/XO)/2'WHILE'ABS(X1-XO)≥EPS'DO'
       XO:=X1;
       OUTPUT(6,' ',X1)
'END'
```

Gegeben sei $a=9$, $\varepsilon=10^{-4}$ (mindestens 4 Stellen Genauigkeit)

INPUT von Karte	OUTPUT über Drucker
$9, {}_{10}{}^{-4}$	3.0000000014

2.8.4 Bestimmung des größten gemeinsamen Teilers von zwei natürlichen Zahlen (vgl.1.3.4)

```
'BEGIN''COMMENT'GGT VON 2 NAT.ZAHLEN;
       'INTEGER'N1,N2,TAUSCH;
       INPUT(5,' ',N1,N2);
START: 'IF'N1≥N2'THEN''GO TO'SUBTR;
       'IF'N1=0'THEN''GO TO'HALT;
       TAUSCH:=N1;N1:=N2;N2:=TAUSCH;
SUBTR: N1:=N1-N2;'GO TO'START;
HALT:  OUTPUT(6,' ',N2)
'END'
```

Gegeben seien die Zahlen 385 und 66

INPUT von Karte	OUTPUT über Drucker
385,66	11

2.8.5 Ermittlung der Anzahl der Buchstaben E in
      einem Satz (vgl.1.3.5)
— —

```
'BEGIN''COMMENT'ANZAHL E IM SATZ.CODE:LEER/O,A/1 ... Z/26,PUNKT/27;
       'INTEGER'ANZAHL,E,PUNKT,BUCHSTABE;
       ANZAHL:=O;E:=5;PUNKT:=27;
START: INPUT(5,' ',BUCHSTABE);
       'IF'BUCHSTABE≠E'THEN''GO TO'WEITER;
       ANZAHL:=ANZAHL+1;
WEITER:'IF'BUCHSTABE≠PUNKT'THEN''GO TO'START;
       OUTPUT(6,' ',ANZAHL)
'END'
```

Gegeben sei der Satz "BADEN VERBOTEN.", der als Zahlenkette
codiert wird.

INPUT von Karte	OUTPUT über Drucker
2,1,4,5,14,0,22,5,18,2,15,20,5,14,27	3

2.8.6 Berechnung der Fakultät einer natürlichen Zahl
— —

```
'BEGIN''COMMENT'FAKULTAET EINER NAT.ZAHL N;
       'INTEGER'FAKULTAET,I,N;
       INPUT(5,'',N);
       FAKULTAET:=1;
       'FOR'I:=1'STEP'1'UNTIL'N'DO'FAKULTAET:=FAKULTAET×I;
       OUTPUT(6,'',FAKULTAET)
'END'
```

Gegeben sei die Zahl 5

INPUT von Karte	OUTPUT über Drucker
5	120

2.8.7 Mindestens 5-stellige Tabelle der Fakultät

```
'BEGIN''COMMENT'MINDEST.5-STELL.TAB.D.FAKULTAET;
       'INTEGER'FAKULTAET,I;
       FAKULTAET:=1;
       'FOR'I:=1,I+1'WHILE'FAKULTAET<10 5'DO'
       'BEGIN'
               FAKULTAET:=FAKULTAET×I;
               OUTPUT(6,'/',I,FAKULTAET)
       'END'
'END'
```

OUTPUT über Drucker   (Zeilenvorschub / vgl.7.1.3)

1	1
2	2
3	6
4	24
5	120
6	720
7	5040
8	40320
9	362880

3   Ausdrücke

Die in Kapitel 2 eingeführten vereinfachten Ausdrücke werden in Kapitel 3 auf ihre allgemeine Form erweitert, insbesondere durch Hinzunahme von Bedingungen. Vorangestellt
wird eine Liste der wichtigsten arithmetischen Standard-
Funktionen.

3.1. Standardfunktionsprozeduren

Die folgende Liste der wichtigsten Standardfunktionsprozeduren enthält ausschließlich Funktionen, die in arithmetischen Ausdrücken A (siehe 3.2) vorkommen und deren Argu-
mente arithmetische Ausdrücke A sind, d.h. Funktionen,
deren Funktionswerte und deren Argumentwerte 'REAL' oder
'INTEGER' sind, wobei der Typ des Funktionswerts festgelegt wird auf einen von beiden, der Typ des Argumentwerts
jedoch wahlweise beides sein kann. Standardfunktionsprozeduren stehen ohne vorherige Vereinbarung direkt zur Verfügung (vgl.5.1.2).

3.1.1 Standardfunktionsprozeduren mit Funktionswerten vom Typ 'REAL'

ABS(A)	Fktwert ist der Absolutbetrag des Wertes von A
ARCTAN(A)	" Hauptwert des Arcustangens des Wertes von A
COS(A)	" Cosinus des Wertes von A
EXP(A)	" Wert der Exponentialfunktion des Wertes von A
LN(A)	" natürliche Logarithmus des Wertes von A ($A>0$)
SIN(A)	" Sinus des Wertes von A
SQRT(A)	" positive Wert der Quadratwurzel des Wertes von A ($A \geq 0$)

3.1.2 Standardfunktionsprozeduren mit Funktions-
_ _ _ werten_vom_Typ_'INTEGER'_ _ _ _ _ _ _ _ _ _

SIGN(A)   Fktwert ist das Vorzeichen des Wertes von A

$\qquad$ (+1 für A>0,0 für A=0,-1 für A<0)

ENTIER(A) " größte ganze Zahl kleiner gleich Wert von A

$\qquad$ (für A$\geq$0 ganzzahliger Anteil des Wertes von A)

Weitere Standardfunktionsprozeduren, z.B. auch mit Funk-
tionswerten und Argumentwerten vom Typ 'BOOLEAN', können
für jede Rechenanlage speziell vereinbart werden.

3.2 Arithmetische-, Logische- und Zielausdrücke

Produktionsschema:

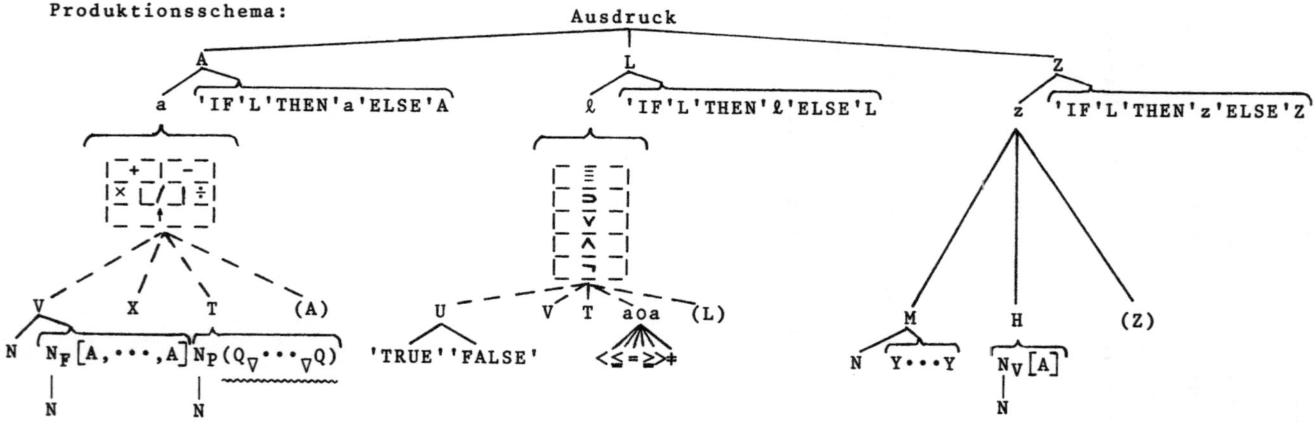

Ausdruck

A → a | 'IF'L'THEN'a'ELSE'A

a → { + - × / ÷ ↑ } (V, X, T, (A))

V → N
N_F[A,···,A] → N
N_P(Q∇···∇Q)

L → ℓ | 'IF'L'THEN'ℓ'ELSE'L

ℓ → { ≡ ⊃ ∨ ∧ ¬ } (U, V, T, aoa, (L))

U → 'TRUE''FALSE'

o → <≤=≥>≠

Z → z | 'IF'L'THEN'z'ELSE'Z

z → M | H | (Z)

M → N Y···Y

H → N_V[A] → N

Hilfszeichen		vereinfacht in Kap.3 zu
A	arithm.Ausdruck	
a	einf.arithm.Ausdr.	
H	Verteileraufruf	entfällt
K	Buchstabe	
L	logischer Ausdr.	
ℓ	einf.log.Ausdr.	
M	Marke	
N	Bezeichnung	
N_F	Feldname	s.Vereinfach.von V
N_P	Prozedurname	s.Vereinfach.von T
N_V	Verteilername	s.Vereinfach.von H

Hilfszeichen		vereinfacht in Kap.3 zu
Q	aktueller Parameter	A arithmetischer Ausdruck
T	Funkt.Prozeduraufruf	{ bei A: Standardfktprozaufruf bei L: entfällt
U	logischer Wert	
V	Variable	N Bezeichnung
X	vorzeichenlose Zahl	
Y	Ziffer	
Z	Zielausdruck	
z	einfacher Zielausdr.	
∇	Parametertrennung	, (Komma)
o	Vergleichsoperator	

Nach diesem Produktionsschema kann jeder ALGOL 60-Ausdruck
erzeugt werden. Beispiel 3.3.1 wird wie folgt (zeilenweise)
erzeugt:

                         Ausdruck
                            A
    'IF'L'THEN'a'ELSE'   A
    'IF'ℓ'THEN'a'ELSE''IF'L'THEN'a'ELSE'A
    'IF'ℓ'THEN'a'ELSE''IF'ℓ'THEN'a'ELSE'a
                           usw.

Das Produktionsschema ist endgültig und wird später nicht
mehr verändert. Im Fußtext sind jedoch Vereinfachungen für
dieses Kapitel 3 vorgeschlagen, die es gestatten, allein
mit den bisher eingeführten Begriffen Endzeichen (2,1.1:
Buchstabe K, Ziffer Y usw.), vorzeichenlose Zahl X, Bezeichnung N und Standardfunktionsprozeduraufruf (3.1) auszukommen.

Zum Produktionsschema gehören noch verbale Zusatzregeln, die
zum Teil erschränkende Bedingungen für das Produktionsschema
ergeben, zum Teil die Bedeutung des Ausdrucks festlegen:

3.2.1 Zusatzregel zur Produktion einfacher arithmetischer
_ _ _ _Ausdrücke:_ _ _ _ _ _ _ _ _ _ _ _ _ _ _ _ _ _ _ _

Die gestrichelten Linien im Produktionsschema 3.2 sind so
zu verstehen, daß ein einfacher arithmetischer Ausdruck a
nach mathematischen Konventionen ohne Benutzung von zusätzlichen Klammern aus Variablen V, vorzeichenlosen Zahlen X,
Funktionsprozeduraufrufen T oder in Klammern ( ) gesetzten
arithmetischen Ausdrücken A ohne oder mit Hilfe

              der Verknüpfungen ↑|×|/|÷|+|- zusammen-
gesetzt wird. Auch die in der Mathematik üblichen Vorrang-

regeln zur Klammerersparnis "Verknüpfung $\uparrow$ vor Verknüpfung
$\times,/,\div$ vor Verknüpfung $+,-$" sollen gelten. $\uparrow$ ist die Potenzie-
rung (siehe 3.2.4) und $\div$ ist die 'INTEGER'-Division (siehe
3.2.5). $\{\pm\}$a kann für $0\{\pm\}$a stehen.

3.2.2 Zusatzregel zum Vorrang:
Zur weiteren Klammerersparnis wird über 3.2.1 und 3.2.6 hinaus
vereinbart, daß gleichberechtigte Verknüpfungen in der Reihenfolge von links nach rechts ausgeführt werden, z.B. hat $6/3/2\times7$
den Wert 7.

3.2.3 Zusatzregel für Typ von Variablen, Funktionsprozedur- aufrufen und Verteileraufrufen:
Eine Variable oder ein Funktionsprozeduraufruf (vgl.6.1.5)muß
in einem einfachen arithmetischen Ausdruck eine Größe vom Typ
'REAL' oder 'INTEGER' und in einem einfachen logischen Ausdruck eine Größe vom Typ 'BOOLEAN' bezeichnen. Ein Verteiler-
aufruf (vgl.4.2.2) muß eine Größe vom Typ 'LABEL' (vgl.6.1)
bezeichnen.

3.2.4 Zusatzregel zur Potenzierung:
Da in ALGOL 60 nicht,wie in der Mathematik üblich, die Mög-
lichkeit gegeben ist, beim Potenzieren den Exponenten von
der Basis durch Hochstellung in der Schriftzeile abzusetzen,
wird dem Exponenten das Zeichen $\uparrow$ vorgesetzt.Außerdem ist
das Potenzieren nicht im vollen mathematischen Umfang zugelassen, da es wie folgt durch bereits eingeführte Operationen
bzw. Standardfunktionen definiert wird:

$$E_1\uparrow E_2{}_{\text{Def.}} = \begin{cases} E_1\times\cdots\times E_1,\ E_2\text{-mal,} & \text{falls } E_2 \text{ Typ 'INTEGER'} \\ & \text{und als Wert nat.Zahl } 1,2,3,\cdots \\ \text{EXP}(E_2\times\text{LN}(E_1)) & \text{falls } E_2 \text{ nicht Typ 'INTEGER'} \\ & \text{oder als Wert nicht nat.Zahl} \end{cases}$$

Der zweite Teil der Definition entspricht der mathematischen
Identität $E_1^{E_2} = e^{\ln\left(E_1^{E_2}\right)} = e^{E_2 \ln E_1}$, die aber wegen des Logarith-
mus nur für $E_1 > 0$ gültig ist, was zur Aufstellung der folgen-
den Gültigkeits- und Typ(umwandlungs)-Tabelle führt:

$E_1 \uparrow E_2$	E_2 Typ 'INTEGER' und als Wert nat.Zahl $1,2,3,\cdots$	E_2 nicht Typ 'INTEGER' oder als Wert nicht nat.Zahl
$E_1 > 0$	$E_1 \uparrow E_2$ Typ wie E_1 z.B. $2\uparrow 3 = 8, 0.5\uparrow 2 = 0.25$	$E_1 \uparrow E_2$ Typ 'REAL' z.B. $2\uparrow(-3) = 0.125, 4\uparrow 0.5 = 2.0$
$E_1 \leq 0$	$E_1 \uparrow E_2$ Typ wie E_1 z.B. $(-2)\uparrow 3 = -8, -0.5\uparrow 2 = 0.25$	$E_1 \uparrow E_2$ <u>nicht</u> definiert z.B. $(-2)\uparrow(-3)(=-0.125)$ <u>nicht</u> def.

E_1, E_2 sind (entsprechend dem Produktionsschema 3.2) V oder X
oder T oder (A) und (entsprechend 3.2.3) vom Typ 'REAL' oder
'INTEGER'.

3.2.5 <u>Zusatzregel zur 'INTEGER'-Division</u>:
Die 'INTEGER'-Division ist nur für Operanden E_1, E_2 (entsprechend Produktionsschema 3.2) gleich V oder X oder T
oder (A) vom Typ 'INTEGER' definiert, und zwar durch bereits
eingeführte Operationen bzw. Standardfunktionen :

$$E_1 \div E_2 {}_{\text{Def.}} = \text{SIGN}(E_1/E_2) \times \text{ENTIER}(\text{ABS}(E_1/E_2))$$

z.B. $2\div 3 = +0, (-2)\div 3 = -0, 3\div 2 = 1, (-3)\div 2 = -1$

3.2.6 <u>Zusatzregel zur Produktion einfacher logischer
       Ausdrücke</u>:
Die gestrichelten Linien im Produktionsschema 3.2 sind so
zu verstehen, daß ein einfacher logischer Ausdruck ℓ nach
logischen Konventionen ohne Benutzung von zusätzlichen

Klammern aus logischen Werten U, Variablen V, Funktionsprozeduraufrufen T, Vergleichen aoa (siehe 3.2.7) oder in
Klammern ( ) gesetzten logischen Ausdrücken L ohne oder mit
Hilfe der Negation $\neg$, der Konjunktion $\wedge$, der Adjunktion $\vee$,
der Implikation $\supset$ oder der logischen Äquivalenz $\equiv$ zusammengesetzt wird. Auch die in der Logik (zum Teil) üblichen
Vorrangregeln zur Klammerersparnis "$\neg$ vor $\wedge$ vor $\vee$ vor $\supset$
vor $\equiv$" sollen gelten. Es sei an die Definitionen dieser logischen Verknüpfungen erinnert:

x	$\neg$x
'FALSE'	'TRUE'
'TRUE'	'FALSE'

x$\wedge$y	'FALSE'	'TRUE'
'FALSE'	'FALSE'	'FALSE'
'TRUE'	'FALSE'	'TRUE'

x$\vee$y	'FALSE'	'TRUE'
'FALSE'	'FALSE'	'TRUE'
'TRUE'	'TRUE'	'TRUE'

x$\supset$y	'FALSE'	'TRUE'
'FALSE'	'TRUE'	'TRUE'
'TRUE'	'FALSE'	'TRUE'

x$\equiv$y	'FALSE'	'TRUE'
'FALSE'	'TRUE'	'FALSE'
'TRUE'	'FALSE'	'TRUE'

3.2.7 _Zusatzregel_für_Vergleichsoperatoren_:
Die Vergleichsoperatoren o haben die in der Mathematik
übliche Bedeutung von "kleiner" <, "kleiner gleich" $\leq$,
"gleich" =, "größer gleich" $\geq$, "größer" > oder "ungleich" $\neq$
und ordnen aoa in üblicher Weise den Wert 'TRUE' bzw.
'FALSE' zu (a einfacher arithm. Ausdr. vgl. 3.2).

3.2.8 _Zusammenfassung_der_Vorrangregeln_:
Aus dem Produktionsschema 3.2 und den Zusatzregeln 3.2.1,
3.2.2, 3.2.6, 3.2.7 ergibt sich die Gesamt-Vorrangregel zur

Klammerersparnis "Operator ↑ vor ×,/,÷ vor +,- vor
<,≤,=,≥,>,≠ vor ¬ vor ∧ vor ∨ vor ⊃ vor ≡. Gleichberech-
tigte Operationen (hier durch Komma getrennt) werden in
der Reihenfolge von links nach rechts ausgeführt".
Siehe Beispiele 3.3.4-6.

3.2.9 _Erläuterungen_zu_Zielausdrücken_und_Marken:_
Zielausdrücke Z stehen im Programm in Sprunganweisungen
'GO TO'Z (vgl.Produktionsschema 2.7 und 2.7.1) und stellen
in ihrem Wert letztlich eine Marke M dar (Produktionsschema 3.2), die notwendigerweise im Programm vorhanden sein
muß (vgl.5.2.2., 4.2.1).
Eine Marke M besteht nach dem Produktionsschema 3.2 aus
Buchstaben oder Ziffern, kann also eine Bezeichnung wie
z.B. K2R sein, kann aber auch eine natürliche Zahl wie
z.B. 123 sein. Mit Marken kann man daher im Rahmen von Produktionsschema 2.7 Programmteile "numerieren". Nach 4.2.1
braucht nicht jede im Programm gesetzte Marke M auch in
einer Sprunganweisung 'GO TO'M vorzukommen.

Verteileraufrufe H werden in 4.3 behandelt.

3.3 Beispiele

3.3.1 Arithmetischer Ausdruck für Vorzeichen VX von X

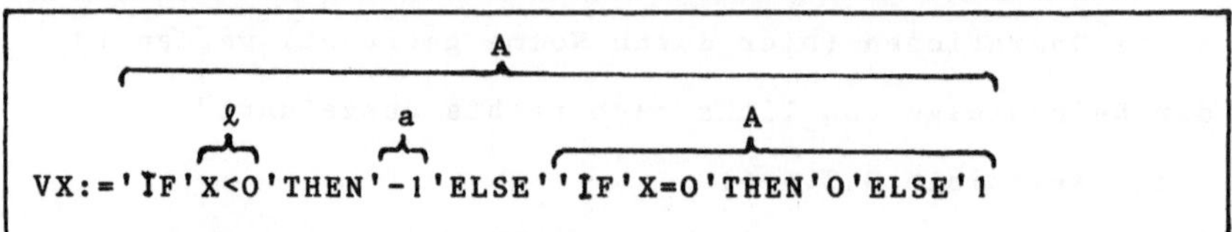

(vgl.SIGN(X) 3.1.2 und 2.7.3)

3.3.2 Logische Ausdrücke für Vorzeichen VX von X

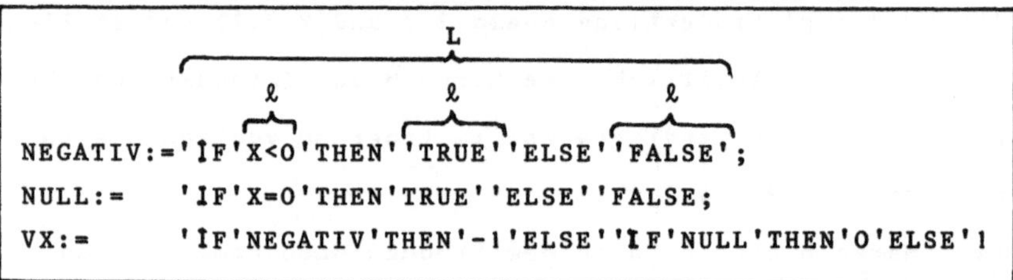

(vgl.SIGN(X) 3.1.2 und 2.7.3)

3.3.3 Zielausdruck für Vorzeichen VX von X

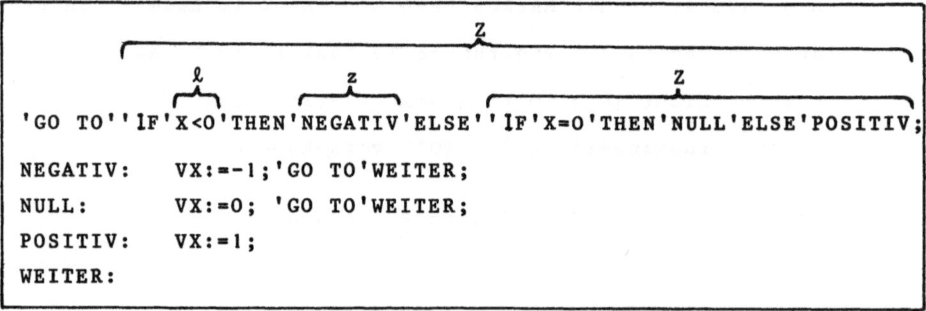

(vgl.SIGN(X) 3.1.2 und 2.7.3)

3.3.4 Vorrang bei arithmetischen Operatoren

$\boxed{2 \times 3 \div (+4)/9 - 9 \uparrow (-0.5) \uparrow 2 + 1}$ hat den Wert 1,

wie durch Setzen zusätzlicher Klammern und Berechnung gemäß

den Vorrangregeln 3.2.1, 3.2.2 deutlich wird:

2×3÷(+4)/9-((9↑(-0.5))↑2)+1   (↑ von links nach rechts)
                1/9

(((2×3)÷(+4))/9)-(1/9)+1   (×,/,÷ von links n.rechts)
        1/9

((1/9)-(1/9))+1 ergibt den Wert1 (Verknüpfungen +,-)

3.3.5 _Vorrang_bei_logischen_Operatoren

| ¬'TRUE'∧'TRUE'⊃'TRUE'≡'TRUE'∨'TRUE' | hat den Wert 'TRUE',

wie durch Setzen zusätzlicher Klammern und Berechnung gemäß

den Vorrangregeln 3.2.6 deutlich wird:

(¬'TRUE')∧'TRUE'⊃'TRUE'≡'TRUE'∨'TRUE'   (Negation ¬)

((¬'TRUE')∧'TRUE')⊃'TRUE'≡'TRUE'∨'TRUE'   (Konjunktion ∧)
      'FALSE'

'FALSE'⊃'TRUE'≡('TRUE'∨'TRUE')   (Adjunktion ∨)
              'TRUE'

('FALSE'⊃'TRUE')≡'TRUE'   (Implikation ⊃)
      'TRUE'

'TRUE'≡'TRUE' ergibt den Wert 'TRUE'   (log.Äquivalenz ≡)

3.3.6 Vorrang bei arithmetischen-, logischen- und
_ _ _ _Vergleichsoperatoren _ _ _ _ _ _ _ _ _ _ _ _

| ¬2×3÷(+4)/9-9↑(-0.5)↑2+1=1∧'TRUE'⊃'TRUE'≡'TRUE'∨'TRUE' |

hat den Wert 'TRUE', wie durch Setzen zusätzlicher Klammern

und Berechnung gemäß 3.2.7 und den Vorrangregeln 3.2.8

deutlich wird:

¬(1=1)∧'TRUE'⊃'TRUE'≡'TRUE'∨'TRUE'   (arithm.Oper.vgl.3.3.4)
'TRUE'   (Vergleichsoperator =)

ergibt den Wert 'TRUE'   (logische Operatoren vgl.3.3.5)

4 Felder

Größen, vgl.2.6 , bestehen zu jedem Zeitpunkt aus einem
Namen und einem Wert. Nun werden Mengen von Größen, sogenannte Felder, eingeführt. Ein Feld besteht demnach zu jedem Zeitpunkt aus einem Namen, dem Feldnamen und der Menge
der Namen und Werte seiner einzelnen Größen. Es wird ver-
langt, daß die Namen der einzelnen Größen des Feldes alle
mit dem Feldnamen beginnen und zur Unterscheidung durch An-
hängung eines Index aus einer oder mehreren ganzen Zahlen
mit Kommas als Trennzeichen gekennzeichnet werden. Da in
ALGOL 60 nicht, wie in der Mathematik üblich, die Möglich-
keit gegeben ist, den Index vom übrigen Teil des Namens
durch Tiefstellung in der Schriftzeile abzusetzen, wird er
in eckige Klammern eingeschlossen.

Felder können in ALGOL 60 nur aus Größen desselben Werte-
Typs gebildet werden: Variablen-Felder nur jeweils ausschließlich aus 'REAL'- bzw. ausschließlich aus 'INTEGER'- bzw.
ausschließlich aus 'BOOLEAN'-Einzelvariablen und Zielausdruck-
Felder (Verteiler) nur aus Zielausdrücken.

4.1 Variablen

Es werden nun Variablen, vgl.3.2 , in allgemeiner Form zugelassen.

Produktionsschema:

$$\text{Variable} \to N \mid N_F[A,\cdots,A] \mid N$$

A arithmetischer Ausdruck
N Bezeichnung
N_F Feldname

Danach können Variable sowohl Einzelvariable N als auch
indizierte Variable $N_F[A,\cdots,A]$, d.h. Elemente eines Feldes

mit dem Feldnamen N_F sein.

4.1.1 Zusatzregel für Variablennamen:

Der Name einer indizierten Variablen besteht aus dem Feldnamen N_F und den in eckige Klammern gesetzten und durch Kommas getrennten ganzen Zahlen, die sich durch Aufrunden (entspricht ENTIER(A+0.5)) aus den arithmetischen Ausdrücken A ergeben.

Beispiele:

math./log.Schreibweise	ALGOL-Schreibweise
$x_{-2,0,+2}$	X[-2,0,2] oder X[-1.6,-0.5,2.3]
$a_{2n-1,m}$	A[2×N-1,M]
Wahrheitswert$_4$	WAHRHEITSWERT[4]
Matrix $A = \begin{pmatrix} a_{11} a_{12} \\ a_{21} a_{22} \end{pmatrix}$ $= \begin{pmatrix} -1 & 0 \\ 1 & 2 \end{pmatrix}$	Feldname ist A, die Namen der Elemente des Feldes sind A[1,1] mit dem Wert -1, A[1,2] mit dem Wert 0, A[2,1] mit dem Wert 1, A[2,2] mit dem Wert 2.

4.2 Vereinbarungen

Die in 2.6 eingeführten vereinfachten Typvereinbarungen werden nun erweitert auf Vereinbarungen in ihrer allgemeinen Form. Lediglich das 'OWN'-Zeichen und die Prozedurvereinbarung werden noch bis zu Kapitel 5,6 zurückgestellt.

Produktionsschema:

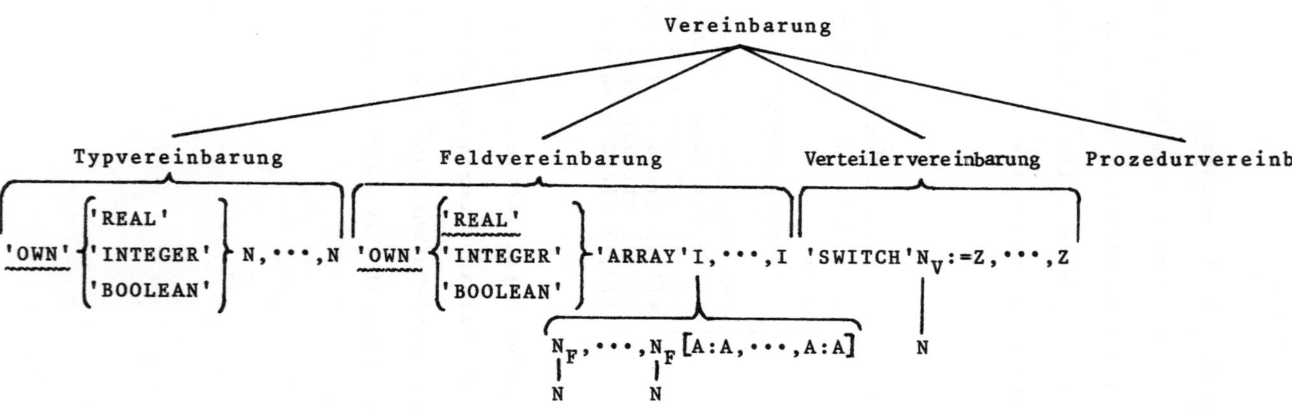

Hilfszeichen		(Hilfs)zeichen		vereinfacht in Kap.4 zu
A	arithmet.Ausdr.	N_V	Verteilername	
I	Feldlistensegment	Z	Zielausdruck	
N	Bezeichnung	'OWN'		entfällt
N_F	Feldname		Prozedurvereinb.	entfällt

4.2.1 _Zusatzregel_für_Erfordernis_einer_Vereinbarung:
Jede in einem Block aufgerufene Größe muß in diesem oder
einem übergeordneten Block, aber nicht in einem untergeordneten Block, genau einmal vereinbart werden. Umgekehrt
braucht nicht jede vereinbarte Größe aufgerufen zu werden.

4.2.2 Zusatzregel für Typisierung:
Durch eine Typvereinbarung bzw. eine Feldvereinbarung wird
vereinbart, daß alle Größen bzw. Elemente der Größen, deren
Bezeichnungen N aufgelistet worden sind, nur Werte vom Typ

$$
\begin{array}{lll}
\text{'REAL'} & \text{d.h.} \ \{\pm\}X & \text{,X vorzeichenlose Zahl bzw.} \\
\text{'INTEGER'} & \text{d.h.} \ \{\pm\}Y\cdots Y & \text{,Y Ziffer} \qquad\qquad \text{bzw.} \\
\text{'BOOLEAN'} & \text{d.h.} \ \left\{{}'\text{TRUE}' \atop {}'\text{FALSE}'\right\} &
\end{array}
$$

annehmen. Die Kurzschreibweise 'ARRAY' für 'REAL''ARRAY'
soll zugelassen sein und ebenfalls den Typ 'REAL' bezeichnen.
Durch eine Verteilervereinbarung wird vereinbart, daß die
Elemente Z der Größe N_V nur Zielausdrücke sein dürfen (Typ
'LABEL' vgl.6.1).

4.2.3 _Zusatzregel_für_Feldvereinbarungen:
Es wird vereinbart, daß alle Felder, deren Bezeichnungen N_F
vor $[A_{u_1}:A_{o_1},\cdots,A_{u_n}:A_{o_n}]$ aufgelistet worden sind, ganzzah-
lige Indizes und als Indexgrenzen ganze Zahlen besitzen,
die sich durch Aufrunden (entspricht ENTIER(A+0.5)) aus
den arithmetischen Ausdrücken A_u (untere Indexgrenze) und
A_o (obere Indexgrenze) ergeben.

4.2.4 _Zusatzregel_für_Verteilervereinbarungen:
Es wird vereinbart, daß der Verteiler, dessen Name N_V
vor $Z_1,\cdots,Z_n$ angegeben wurde, natürliche Zahlen als Indizes

und als Indexgrenzen 1 und n besitzt, wobei n die Anzahl
der aufgelisteten Zielausdrücke $Z_1, \cdots, Z_n$ ist.$N_V[i]$ soll
den Wert des Zielausdrucks Z_i besitzen (siehe 4.3).

Beispiele:

Vereinbarungen	zulässige ALGOL-Werte
'REAL''ARRAY'A,B[1:2],C[1:2,1:2]	z.B.A[1]=1.1,A[2]=1.2,
oder	B[1]=2.1,B[2]=2.2,
'ARRAY'A,B[1:2],C[1:2,1:2]	C[1,1]=3.11,C[1,2]=3.12,
	C[2,1]=3.21,C[2,2]=3.22
'SWITCH'ORT:=START,STOP	ORT[1]=START,ORT[2]=STOP
	z.B.START Marke am Anfang,
	STOP Marke am Ende
	des Blocks

4.3 Verteileraufrufe

Es werden nun Verteileraufrufe, vgl.3.2, in allgemeiner
Form zugelassen.

Produktionsschema:

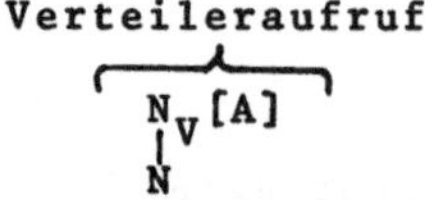

            Verteileraufruf   A arithmetischer Ausdruck

                $N_V[A]$ N Bezeichnung
                 N N_V Verteilername

Verteileraufrufe sind Elemente eines Feldes, des Vertei-
lers mit dem Feldnamen N_V. Ihre Werte sind in der Verteilervereinbarung (vgl.4.2.4) festgelegt.

4.3.1 Zusatzregel für Verteileraufruf-Namen:

Der Name eines Verteileraufrufs besteht aus dem Verteilernamen N_V und der in eckige Klammern gesetzten positiven
ganzen Zahl, die sich durch Aufrunden (entspricht ENTIER
(A+0.5)) aus dem arithmetischen Ausdruck A ergibt , wobei

$0.5 \leq A < ($Anz.d.zugeh.Zielausdrücke$)+0.5$ vorausgesetzt wird.

Beispiel:

elektromech. Wählschalter	Verteileraufruf im ALGOL-Programm

O START
  1
2 O STOP
	Verteilervereinbarung wie im Beispiel von 4.2
	START: .
	                 'GO TO'ORT[X+0.3];
	STOP: .
	Wirkung: z.B.für X=1.5 ergibt sich Sprung nach STOP

4.4 Beispiele mit Hinweis auf INARRAY/OUTARRY

4.4.1 Multiplikation einer $n_i \times n_j$-Matrix A mit einer $n_j \times n_k$-Matrix B:

_ _

a) Matrizen-Ein/Ausgabe mit INPUT/OUTPUT

```
'BEGIN''COMMENT'MATRIZENMULTIPLIKATION A(NIxNJ) MAL B(NJxNK);
      'INTEGER'NI,NJ,NK,I,J,K;
      INPUT(5,'',NI,NJ,NK);
      'BEGIN''ARRAY'A[1:NI,1:NJ],B[1:NJ,1:NK],C[1:NI,1:NK];
              'FOR'I:=1'STEP'1'UNTIL'NI'DO'
              'FOR'J:=1'STEP'1'UNTIL'NJ'DO'
              INPUT(5,'',A[I,J]);
              'FOR'J:=1'STEP'1'UNTIL'NJ'DO'
              'FOR'K:=1'STEP'1'UNTIL'NK'DO'
              INPUT(5,'',B[J,K]);

              'FOR'I:=1'STEP'1'UNTIL'NI'DO'
              'FOR'K:=1'STEP'1'UNTIL'NK'DO'
              'BEGIN'
                      C[I,K]:=0;
                      'FOR'J:=1'STEP'1'UNTIL'NJ'DO'
                      C[I,K]:=C[I,K]+A[I,J]xB[J,K]
              'END';
```

```
                    'FOR'I:=1'STEP'1'UNTIL'NI'DO'
                    'FOR'K:=1'STEP'1'UNTIL'NK'DO'
                    OUTPUT(6,' ',C[I,K])
          'END'
'END'
```

Das 'BEGIN' in der 4ten Zeile ist unerläßlich, da zunächst
die Werte von NI,NJ,NK (mit INPUT) gelesen werden müssen,
um A,B,C vereinbaren zu können (sonst wären die Werte der
oberen Indexgrenzen NI,NJ,NK nicht bekannt) und da auf die
Prozeduranweisung INPUT nicht unmittelbar (ohne 'BEGIN')
eine Vereinbarung 'ARRAY'A folgen darf (vgl.2.7).

b) Matrizen Ein/Ausgabe mit von der IFIP (International
   Federation for Information Processing) 1964 vorgeschla-
   genen Prozeduren INARRAY/OUTARRAY, die einen Feldnamen
   als Parameter haben (ohne Format-Möglichkeiten).

```
'BEGIN''COMMENT'MATRIZENMULTIPLIKATION A(NI×NJ)MAL B(NJ×NK);
       'INTEGER'NI,NJ,NK,I,J,K;'REAL'SUMME;
       INPUT(5,' ',NI,NJ,NK);
       'BEGIN''ARRAY'A[1:NI,1:NJ],B[1:NJ,1:NK],C[1:NI,1:NK];
              INARRAY(5,A);INARRAY(5,B);

              'FOR'I:=1'STEP'1'UNTIL'NI'DO'
              'FOR'K:=1'STEP'1'UNTIL'NK'DO'
              'BEGIN'
                     SUMME:=0;
                     'FOR'J:=1'STEP'1'UNTIL'NJ'DO'
                     SUMME:=SUMME+A[I,J]×B[J,K];
                     C[I,K]:=SUMME
              'END';

              OUTARRAY(6,C)
       'END'
'END'
```

Der innerste Block ist gegenüber der Version a) statisch
länger geworden, da die zusätzliche Variable SUMME eingeführt
wurde. Dynamisch ist dieser Block jedoch kürzer geworden,
da Rechenoperationen mit nicht indizierten Variablen dynamisch kürzer sind als Rechenoperationen mit indizierten
Variablen. Wollte man stets dynamisch optimieren, so müßte
man auf indizierte Variable ganz verzichten, was wohl kaum
empfehlenswert wäre.

Gegeben seien die Matrizen $A = \begin{pmatrix} 1 & 2 & 3 \\ 4 & 5 & 6 \end{pmatrix}$, $B = \begin{pmatrix} 1 & 0 & 2 & 0 \\ 3 & 0 & 4 & 0 \\ 5 & 0 & 6 & 0 \end{pmatrix}$

INPUT(u.INARRAY)von Karte	OUTPUT(u.OUTARRAY) über Drucker
2,3,4,1,2,3,4,5,6,1,0,2,0,3,0,4,0,5,0,6,0	22,0,28,0,49,0,64,0

d.h.das Resultat ist $B = \begin{pmatrix} 22 & 0 & 28 & 0 \\ 49 & 0 & 64 & 0 \end{pmatrix}$

Die Ein/Ausgabedaten und ihre Reihenfolge sind in beiden
Versionen a) und b) gleich, d.h. INARRAY/OUTARRAY liest/
druckt die Elemente der Matrizen in "Kilometerzähler-Reihen-
folge", d.h.A[1,1],A[1,2],A[1,3],A[2,1],A[2,2],A[2,3].

4.4.2 Berechnung des Vorzeichens VX von X über Verteiler:

```
'BEGIN''COMMENT'VORZEICHEN VX VON X;
      'REAL'X,VX;
      'SWITCH'ZIEL:=NEGATIV,NULL,POSITIV;
      INPUT(5,'',X);
      'GO TO'ZIEL['IF'X<0'THEN'1'ELSE"IF'X=0'THEN'2'ELSE'3];
NEGATIV:VX:=-1;'GO TO'WEITER;
NULL:   VX:= 0;'GO TO'WEITER;
POSITIV:VX:= 1;
WEITER: OUTPUT(6,'',VX)
'END'
```

4.4 Beispiele

Gegeben sei X=-2

INPUT von Karte	OUTPUT über Drucker
-2	-1

(vgl.SIGN(X)3.1.2 und die Beispiele 2.7.3,3.3.1,3.3.2,3.3.3)
ZIEL[1] hat nach Vereinbarung den Wert NEGATIV, ZIEL[2] den
Wert NULL und ZIEL[3] den Wert POSITIV. ZIEL ist der verein-
barte Verteilername.

5   Blockstruktur

Um aus Ersparnisgründen denselben Namen oder dieselben
Werte-Speicherplätze für verschiedene Größen verwenden zu
können, sofern für diese Größen keine Namens-Verwechslung
oder Werte-Beeinflussung möglich ist, werden in ALGOL 60
Gültigkeitsbereiche für Größen in der Blockstruktur festgelegt.

5.1   Strukturblöcke

Ein Programm, vgl.2.7, wird nunmehr gedeutet als eine
Blockstruktur, bestehend aus ineinandergeschachtelten
(untergeordneten, übergeordneten) oder nebeneinanderstehen-
den (gleichgeordneten) Strukturblöcken. Ein Strukturblock
ist

5.1.1   ein Block (siehe 2.7) ohne Marken M:•••:M: vor dem
        ersten 'BEGIN' (derartige Marken zählen also zum
        übergeordneten Strukturblock) oder

5.1.2   ein fiktiver Strukturblock 'BEGIN'DB'END' um den (s.2.7)
        Programm-Block B herum gedacht (Marken M:•••:M
        vor dem ersten 'BEGIN' von B bzw. Standardprozeduren
        in B denkt man sich in diesem fiktiven Strukturblock
        gesetzt bzw. vereinbart) oder

5.1.3   ein Prozedurrumpf (siehe 6.1), auch wenn dieser Pro-
        zedurrumpf aus nur einer Anweisung S besteht (dieser
        Prozedurrumpf ist zwar in der Prozedurvereinbarung
        aufgeführt, den zugehörigen Strukturblock denkt man
        sich jedoch fiktiv an die Stelle des Prozeduraufrufs
        gesetzt).

5.2 Größen in einer Blockstruktur

Nimmt man das Setzen einer Marke als weitere Art einer Vereinbarung, vgl.4.2, hinzu (eine Vereinbarung, die nicht not-
wendig <u>vor</u> dem Aufruf stehen muß) und beachtet man, daß bei
einer Feldvereinbarung bzw. einer Verteilervereinbarung bzw.
einer Prozedurvereinbarung auch zugleich der Feldname bzw.
der Verteilername bzw. der Prozedurname vereinbart wird, so
gibt es folgende Größen in einer Blockstruktur, zu deren Aufruf stets eine Vereinbarung erforderlich ist:

5.2.1 Variable, Feldnamen

5.2.2 Marken

5.2.3 Verteiler, Verteilernamen

5.2.4 Prozeduren, Prozedurnamen

Eine solche Größe heißt bezüglich eines Strukturblocks

5.2.5 <u>lokal</u>, wenn sie in diesem aber nicht in einem über-
      oder untergeordneten Strukturblock vereinbart wurde
      (in diesem ist eine zweite lokale Größe gleichen Na-
      mens nicht zulässig),

5.2.6 <u>global</u>, wenn sie in einem übergeordneten aber nicht
      in diesem Strukturblock vereinbart wurde
      (in diesem ist eine zweite globale Größe gleichen Na-
      mens nicht zulässig),

5.2.7 (global aber vorübergehend) <u>unterdrückt</u>, wenn sie
      bezüglich dieses Strukturblocks global ist, aber
      unter gleichen Namen eine andere Größe bezüglich
      dieses Strukturblocks lokal oder übergeordnet global

ist (in diesem können mehrere Größen, auch gleichen
Namens, unterdrückt sein),

5.2.8 nicht erklärt, wenn sie bezüglich dieses Strukturblocks weder lokal noch global (und damit auch nicht
unterdrückt) ist (in diesem können mehrere Größen,
auch gleichen Namens, nicht erklärt sein).

In einem Strukturblock können also lokale Größen stets aufgerufen werden, globale nur dann, wenn sie nicht unterdrückt
sind und nicht erklärte Größen überhaupt nicht.

5.2.9 Zusatzregeln für Werte unterdrückter bzw.
_ _ _ nichterklärter Größen: _ _ _ _ _ _ _ _ _ _ _
Wird beim Eintritt in einen Strukturblock eine vorher lokale
oder globale Größe unterdrückt, so bleibt ihr Wert erhalten
bis zum Austritt, d.h. der entsprechende Speicherplatz bleibt
reserviert. Wird andererseits beim Eintritt in einen Strukturblock eine vorher lokale oder globale Größe nicht erklärt,
so bleibt ihr Wert nicht erhalten bis zum Austritt,und der
entsprechende Speicherplatz wird in diesem Strukturblock
für den Wert einer anderen Größe freigegeben.

5.2.10 Zusatzregel für Werte 'OWN' vereinbarter Variablen:
Wird beim Eintritt in einen Strukturblock eine 'OWN' vereinbarte, vgl.4.2, und vorher lokale oder globale Größe nicht
erklärt, so bleibt ihr Wert erhalten bis zum Austritt, d.h.
der entsprechende Speicherplatz bleibt reserviert. Diese Zusatzregel ist eine Ausnahmeregel zu 5.2.9, berührt jedoch
nicht 5.2.8.

5.3 Beispiel

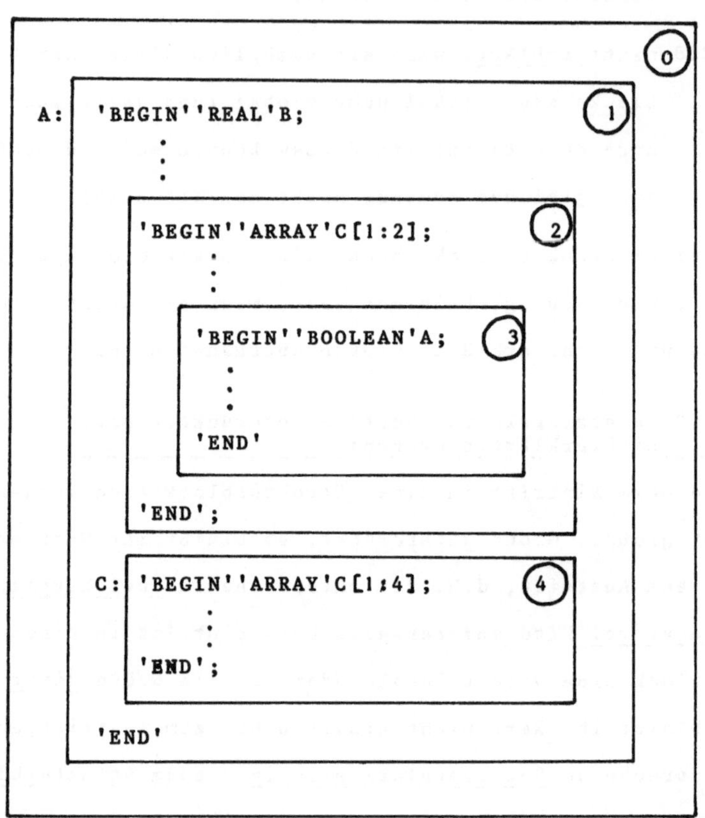

Ordnung der Strukturblöcke (0 ist fiktiver Strukturblock):

0 zu 1,2,3,4	übergeordnet	d.h.1,2,3,4	zu 0	untergeordnet
1 zu 2,3,4	"	d.h.2,3,4	zu 1	"
2 zu 3	"	d.h.3	zu 2	"
2,3 zu 4	gleichgeordnet	d.h.4	zu 2,3	gleichgeordnet

Größen bzgl. Strukturblock:	0	1	2	3	4
'LABEL'A	lokal	global	global	unterdr.	global
'LABEL'C	n.erkl.	lokal	unterdr.	unterdr.	unterdr.
'REAL'B	n.erkl.	lokal	global	global	global
'BOOLEAN'A	n.erkl.	n.erkl.	n.erkl.	lokal	n.erkl.
'ARRAY'C[1:2]	n.erkl.	n.erkl.	lokal	global	n.erkl.
'ARRAY'C[1:4]	n.erkl.	n.erkl.	n.erkl.	n.erkl.	lokal

In diesem Beispiel kommen 12 verschiedene Größen (2 Marken, 2 nichtindizierte und 6 indizierte Variable, 2 Felder),nur 7 verschiedene Namen (A,B,C,C[1],C[2],C[3],C[4]) und möglicherweise 10 verschiedene Werte (der Wert einer Marke ist eine interne Adresse, der Wert eines Feldes ist die Menge der Werte seiner indizierten Variablen) vor. Nimmt man vereinfachend an, daß zur Speicherung eines Wertes nur ein Speicherplatz erforderlich sei, so sind wegen Gleichordnung einiger Strukturblöcke insgesamt 7 Speicherplätze erforderlich:

'LABEL'A	'REAL'B	'LABEL'C				
			'ARRAY'C[1:2]		'BOOLEAN'A	
			'ARRAY'C[1:4]			

6 Prozeduren

Um Programmteile an mehr als einer Stelle in ein Programm
einfügen zu können, ohne jedesmal die ganzen Programmteile
wiederholen zu müssen, wird die Vereinbarung und der Aufruf
von Programmteilen in Form von Prozeduren zugelassen.

6.1 Prozedurvereinbarung

Eine Prozedurvereinbarung dient einerseits dazu, den Gültig-
keitsbereich der Größe "Prozedur" festzulegen und sie zu
typisieren wie die bisher besprochenen Vereinbarungen (4.2,
5.2), dient aber andererseits auch dazu, einen Programmteil
(als Prozedurrumpf) aufzunehmen, der später überall dort als
fiktiver Strukturblock (vgl.5.1.3) eingesetzt wird, wo die
Prozedur aufgerufen wird.

Produktionsschema:

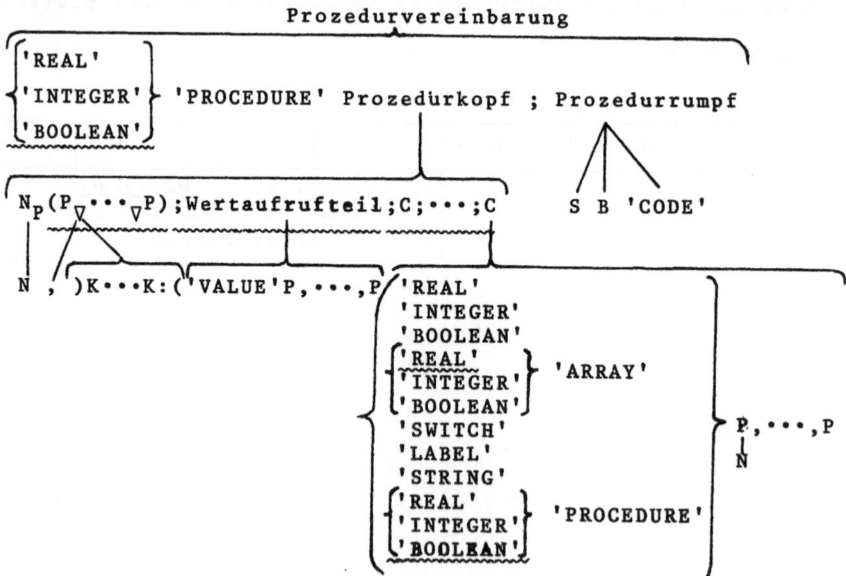

Hilfszeichen	Hilfszeichen
B Block	N_P Prozedurname
C Spezifikation	P formaler Parameter
K Buchstabe	S Anweisung
N Bezeichnung	∇ Parametertrennung

6.1.1 Zusatzregel zur Unterscheidung von Funktionsprozedur und Prozeduranweisung:

Beginnt eine Prozedurvereinbarung mit 'REAL' bzw.'INTEGER' bzw.'BOOLEAN', so ist die Prozedur als Funktionsprozedur (siehe 3.2) aufrufbar. Beginnt eine Prozedurvereinbarung direkt mit 'PROCEDURE', so ist die Prozedur als Prozedur- anweisung (siehe 2.7) aufrufbar.

6.1.2 Zusatzregel für Benennung der Prozedur und der formalen Parameter:

Im Prozedurkopf werden durch $N_P(P_\nabla \cdots _\nabla P)$ der Prozedurname N_P und die Bezeichnungen P aller formalen Parameter der Prozedur aufgelistet.

Erläuterung: Namen von indizierten Variablen wie z.B. A[2] sind keine Bezeichnungen und daher für N_P,P unzulässig. Feldnamen wie z.B. A sind als formaler Parameter zulässig. Die Parametertrennung "∇" kann laut Produktionsschema ent- weder ein Komma "," wie z.B. bei WURZEL(X,EPS) oder ein Texteinschub, bestehend aus Buchstaben ")K$\cdots$K:(" wie z.B. bei WURZEL(X)GENAUIGKEIT:(EPS) sein.

6.1.3 Zusatzregel zum Wertaufrufteil:

Im Wertaufrufteil können Bezeichnungen der formalen Para- meter aufgelistet werden.

a) Wird ein formaler Parameter im Wertaufrufteil genannt, so
wird beim Prozeduraufruf der entsprechende aktuelle Parameter
(siehe 6.2.1) unterdrückt (vgl.5.2.7), und es wird fiktiv eine
neue lokale Größe mit gleichen Namen wie der formale Parameter
eingeführt, der der Wert des aktuellen Parameters zugewiesen wird. Der Wertaufruf bewirkt also die Einrichtung eines
Speicher-Duplikats für den aktuellen Parameter und nur dieses
Speicher-Duplikat kann innerhalb des Prozeduraufrufs verändert
werden. Der Original-Speicher wird durch den Prozeduraufruf
überhaupt nicht verändert.

Erläuterung zu_a_(vgl.Beispiel_6.3.2): Mit Wertauffuf kann
der Prozedurrumpf durch Wahl der aktuellen Parameter in seinem
Formelaufbau nicht verändert werden. Außerdem können die betreffenden aktuellen Parameter nur als Eingabeparameter aber
nicht als Ausgabeparameter benutzt werden.
Zum Schutz der Prozedur gegen ungewollte Änderungseffekte
und zum Erhalt der Parameterwerte wird man also Eingabeparameter 'VALUE' auflisten.

b) Wird ein formaler Parameter nicht im Wertaufrufteil genannt, so wird beim Prozeduraufruf der entsprechende aktuelle
Parameter (siehe 6.2.1) direkt, z.B. als Ausdruck ohne vorherige Berechnung des Wertes des Ausdrucks, überall dort eingesetzt, wo der formale Parameter im Prozedurrumpf steht.
Ausdrücke als aktuelle Parameter werden (zur Vorrangregelung)
automatisch in Klammern gesetzt.

Erläuterung zu_b_(vgl.Beispiel_6.3.5): Ohne Wertauffuf (sogenannter Namensaufruf) können Ausdrücke als aktuelle Para-

meter direkt in den Prozedurrumpf eingesetzt werden, d.h.

der Prozedurrumpf kann durch Wahl der aktuellen Parameter

in seinem Formelaufbau verändert werden. Außerdem können die

betreffenden aktuellen Parameter als Ausgabeparameter benutzt

werden.

Zur Vermeidung von Speicherduplizierungen wird man

möglichst 'ARRAY'-,'SWITCH'-,'STRING'-Parameter nicht 'VALUE'

auflisten.

6.1.4 _Zusatzregel_zur_Spezifikation:

Durch eine Spezifikation wird festgelegt, daß alle formalen

Parameter bzw. Elemente der formalen Parameter, deren Be-

zeichnungen P aufgelistet worden sind, nur Werte vom Typ

'REAL'   d.h.$\{\pm\}$ X   ,X vorzeichenlose Zahl bzw.

'INTEGER'   d.h.$\{\pm\}$ Y$\bullet\bullet$Y,Y Ziffer   bzw.

'BOOLEAN'   d.h.$\left\{\begin{array}{l}\text{'TRUE'}\\\text{'FALSE'}\end{array}\right\}$ bzw.

'LABEL'   d.h.M   ,M Marke   bzw.

'STRING'   d.h.geklammerte Zeichenkette 'W$\bullet\bullet$W'

W klammerstrukturierte Zeichenkette

w Endzeichen (siehe 2.1.1)

ausgenommen ' und '

annehmen bzw. als

'ARRAY'   d.h.Feld   bzw.

'SWITCH'   d.h.Verteiler   bzw.

'PROCEDURE' d.h.Prozedur

vor dem Prozeduraufruf im Programm vereinbart worden sind.

Felder und Funktionsprozeduren werden durch 'REAL' (kann

bei Feldern entfallen) bzw. 'INTEGER' bzw. 'BOOLEAN' weiter

6.1.5 Wert einer Funktionsprozedur

spezifiziert (vgl.Produktionsschema 6.1). Ein formaler
Parameter der Prozedur darf höchstens einmal spezifiziert
werden; er muß nur spezifiziert werden, wenn er im Wertaufrufteil genannt wurde.

Erläuterung: Eine Spezifikation ist mit einer Vereinbarung
vergleichbar. Zum Beispiel lautet die Spezifikation 'REAL'X
wie die entsprechende Vereinbarung. Die Spezifikation 'REAL'
'ARRAY'A ist die Kurzform einer etwa entsprechenden Vereinbarung 'REAL''ARRAY'A[1:4]. Die Spezifikationszeichen 'LABEL'
und 'STRING' sind jedoch nur für Spezifikationen zugelassen.

6.1.5 Zusatzregel zur Berechnung des Wertes einer
_ _ _ Funktionsprozedur:_ _ _ _ _ _ _ _ _ _ _ _ _
Eine Funktionsprozedur ist eine Größe mit dem (Prozedur-)
Namen N_p und einem Wert, dessen Typ je nach Beginn der
Prozedurvereinbarung 'REAL' bzw. 'INTEGER' bzw. 'BOOLEAN'
ist. Dieser Wert muß N_p im Prozedurrumpf durch eine Ergibtanweisung N_p:=••• zugewiesen werden, deren rechte Seite N_p
nicht enthalten darf. N_p darf nur in derartigen Ergibtanweisungen vorkommen.

6.1.6 _Zusatzregel_für_'CODE'-_und_Standard-Prozeduren:_
Der Prozedurrumpf einer bestimmten Prozedur kann für eine
spezielle Rechenanlage fest vorgegeben und eventuell in
einer anderen Sprache als ALGOL 60 geschrieben sein. Dann
wird in der Prozedurvereinbarung als Prozedurrumpf nur das
Zeichen 'CODE' eingesetzt. Für Standardprozeduren (vgl.3.1,
    5.1.2) entfällt die Prozedurvereinbarung ganz .

E_r_l_ä_u_t_e_r_u_n_g: Das Einsetzen des eventuell in einer anderen
Sprache als ALGOL 60 vorgegebenen Programmteils an Stelle
von 'CODE' in den Prozedurrumpf ist in der jeweiligen Ma-
schinensprache (Code) der Rechenanlage vorprogrammiert.

6.2. Prozeduraufruf

Der Aufruf einer Prozedur kann entweder als Funktionsauf-
ruf in einem Ausdruck (vgl.3.2) oder als Anweisung im Programm (vgl.2.7) erfolgen, je nachdem, ob die Prozedur als
Funktionsprozedur oder als Prozeduranweisung vereinbart
wurde (siehe 6.1.1). In beiden Fällen denkt man sich den
Prozedurrumpf der Prozedurvereinbarung als Strukturblock
(vgl.5.1.3) fiktiv an die Stelle des Prozeduraufrufs gesetzt.
Bezüglich dieses fiktiven Strukturblocks sind Größen aus
übergeordneten Strukturblöcken global. Sie sind überdies
unterdrückt, falls sie formale Parameter und im Wertaufrufteil genannt sind oder falls unter gleichem Namen im Prozedurrumpf eine andere Größe vereinbart wurde oder falls sie
schon vor Eintritt in den fiktiven Strukturblock unterdrückt
waren.
Bezüglich dieses fiktiven Strukturblocks sind Größen lokal,
die durch Wertaufruf neu fiktiv vereinbart wurden (vgl.6.1.3a)
oder die im Prozedurrumpf vereinbart wurden.

Produktionsschema:

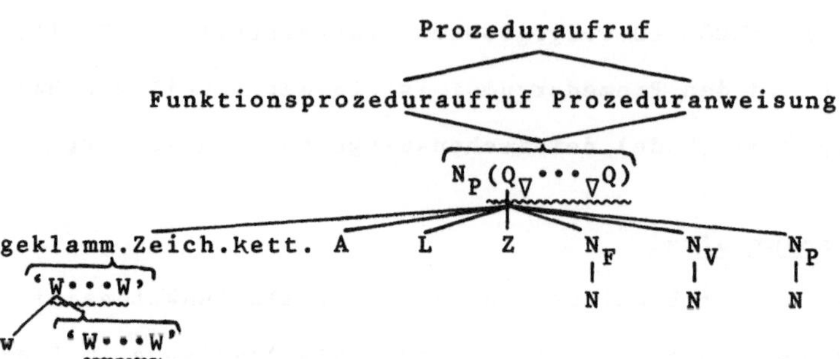

A arithmetischer Ausdruck   Q aktueller Parameter

L logischer Ausdruck   Z Zielausdruck

N Bezeichnung   W klammerstrukturierte Zeichenkette

N_F Feldname   w Endzeichen (siehe 2.1.1)
                                 ausgenommen ' und '
N_V Verteilername

N_P Prozedurname ∇ Parametertrennung (siehe 6.1)

6.2.1 Zusatzregel für Zuordnung der formalen und
       aktuellen Parameter:

Jedem in der Prozedurvereinbarung (vgl.6.1) angegebenen for-

male Parameter muß beim Prozeduraufruf ein aktueller Para-

meter eineindeutig zugeordnet sein.

Falls der formale Parameter nicht im Wertaufrufteil der

Prozedurvereinbarung genannt wurde, wird der aktuelle Para-

meter beim Prozeduraufruf direkt überall dort eingesetzt,

wo der formale Parameter im Prozedurrumpf steht.

Falls der formale Parameter aber im Wertaufrufteil der Pro-

zedurvereinbarung genannt wurde, so muß zunächst der Typ des

formalen Parameters (entsprechend seiner Spezifikation) und

des aktuellen Parameters (entsprechend seiner Vereinbarung)

übereinstimmen. Beim Prozeduraufruf wird dann der aktuelle

Parameter unterdrückt, und es wird fiktiv eine neue lokale
Größe mit gleichem Namen wie der formale Parameter eingeführt, dem beim Wertaufruf der Wert des aktuellen Parameters zugewiesen wird (vgl. die entsprechende Zusatzregel
zum Wertaufrufteil 6.1.3a).

Erläuterungen: Die eineindeutige Zuordnung zwischen formalen und aktuellen Parametern wird durch die entsprechenden Positionen in den Auflistungen bei Prozedurvereinbarung und Prozeduraufruf gegeben. Nur bei nicht in ALGOL 60
geschriebenen Prozedurrümpfen ('CODE'-Prozedur siehe 6.1.6)
Standardprozeduren INPUT/OUTPUT 7ff) sind andere Zuordnun-
gen, etwa durch den Typ möglich. Die Prozedurvereinbarung
(vgl.6.1) und ihre Zusatzregeln sind weitere Zusatzregeln
zum Prozeduraufruf.

6.3 Beispiele

6.3.1 Vereinbarung der Prozeduranweisung TAUSCH:

```
'PROCEDURE'TAUSCH(M1,M2);
              'COMMENT'TAUSCH DER WERTE VON M1,M2;
              'INTEGER'M1,M2;
              'BEGIN'
              'INTEGER'T;
              T:=M1;M1:=M2;M2:=T
              'END'
```

Würden hier fälschlich die formalen Parameter M1,M2 im
Wertaufrufteil (vgl.6.1.3) genannt, d.h. 'VALUE'M1,M2,
dann würden beim Prozeduraufruf Speicherduplikate für
M1,M2 angelegt und nur die Werte in den Speicherdupli-

katen vertauscht, d.h. die Prozeduranweisung hätte nach

außen hin überhaupt keine Wirkung.

6.3.2 Vereinbarung der Funktionsprozedur GGT (größter gemeinsamer Teiler von zwei natürlichen Zahlen, vgl.1.3.4, 2.8.4)

```
        'INTEGER''PROCEDURE'GGT(N1,N2);
                    'COMMENT'GR.GEM.TEILER V.2NAT.ZAHLEN N1,N2;
                    'VALUE'N1,N2;
                    'INTEGER'N1,N2;
                    'BEGIN'
START:              'IF'N1≥N2'THEN''GO TO'SUBTR;
                    'IF'N1=O'THEN''GO TO'HALT;
                    TAUSCH(N1,N2);
SUBTR:              N1:=N1-N2;'GO TO'START;
HALT:               GGT:=N2
                    'END'
```

Die Vereinbarung der Funktionsprozedur GGT enthält den Auf-

ruf der Prozeduranweisung TAUSCH, die vor Aufruf von GGT

vereinbart sein muß (siehe 6.3.3).

Durch GGT:=N2 wird dem Prozedurnamen GGT der Ergebniswert

zugewiesen (vgl.6.1.5).

Da die Werte von N1,N2 vielleicht noch im Laufe weiterer

Rechnungen gebraucht werden und daher durch den Prozedur-

aufruf nicht verändert werden sollten, wurden N1,N2 im

Wertaufrufteil 'VALUE'N1,N2 genannt. Das hat zur Folge

(vgl.6.1.3), daß beim Prozeduraufruf Speicherduplikate

für N1,N2 angelegt und nur die Werte in den Speicherdupli-

katen, nicht aber die Originalwerte von N1,N2 verändert

werden.

6.3.3 Rahmenprogramm mit Vereinbarung und Aufruf der Prozeduranweisung TAUSCH und der Funktionsprozedur GGT (vgl.1.3.4, 2.8.4)

```
'BEGIN''COMMENT'RAHMENPROGRAMM MIT TAUSCH U.GGT;
'INTEGER'I1,I2;
'PROCEDURE'TAUSCH(M1,M2);
    :
    :
    (siehe 6.3.1)                           ;
'INTEGER''PROCEDURE'GGT(N1,N2);
    :
    :
    (siehe 6.3.2)                           ;
INPUT(5,' ',I1,I2);
OUTPUT(6,' ',GGT(I1,I2))
'END'
```

Gegeben seien die Zahlen 385 und 66

INPUT von Karte	OUTPUT über Drucker
385,66	11

Obwohl TAUSCH mit formalen Parametern M1,M2 und GGT mit
formalen Parametern N1,N2 vereinbart wurden, wird TAUSCH
mit aktuellen Parametern N1,N2 (siehe 6.3.2) und GGT mit
aktuellen Parametern I1,I2 aufgerufen. Dies zeigt deutlich, daß die formalen Parameter nur Platzhalter für aktuelle
Parameter (gleichen Typs) sind. Der Funktionsprozeduraufruf GGT(I1,I2) ist nach 3.2 ein arithmetischer Ausdruck.
Ein arithmetischer Ausdruck kann nach 3.2 sowie speziell
7.1 aktueller Parameter der speziellen Prozeduranweisung
OUTPUT sein.Das Rahmenprogramm hat folgende Blockstruktur:

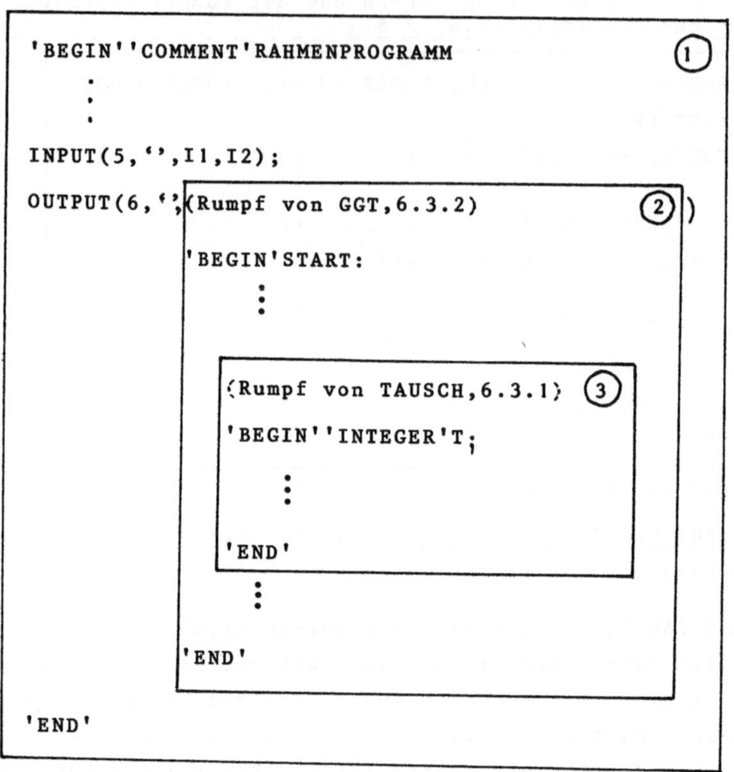

Block 2 und 3 stehen nur fiktiv an der angegebenen Stelle
(an die sie von der Rechenanlage schließlich hingesetzt
werden!), tatsächlich sind sie im ALGOL-Programm unter
den Vereinbarungen von Block 1 zu finden.

Größen bzgl.Strukturblock	1	2	3
'INTEGER'I1,I2	lokal	unterdr.	unterdr.
'INTEGER'N1,N2-ORIGINAL	s.I1,I2	s.I1,I2	s.I1,I2
'INTEGER'N1,N2-DUPLIKAT	n.erklärt	lokal	global
'INTEGER'M1,M2	s.N1,N2-Dupl.	s.N1,N2-Dupl.	s.N1,N2-Dupl.
'INTEGER'T	n.erklärt	n.erklärt	lokal
'INTEGER'GGT	lokal	global	global

6.3.4 Vereinbarung der Funktionsprozedur VORZEICHEN:

```
'INTEGER''PROCEDURE'VORZEICHEN(X);
            'COMMENT'VORZEICHEN VON X;
            'VALUE'X;
            'REAL'X;
            VORZEICHEN:=
            'IF'X<0'THEN'-1'ELSE''IF'X=0'THEN'0'ELSE'1;
```

(vgl.SIGN(X)3.1.2 und die Beispiele 2.7.3,3.3.1ff,3.3.2,3.3.3,
4.4.2). Der Rumpf dieser Prozedur besteht nur aus einer Anweisung, ist aber dennoch bei Prozeduraufruf ein Strukturblock (vgl.5.1.3). Die Nennung von X im Wertaufrufteil kann
auch entfallen.

6.3.5 Rahmenprogramm mit Vereinbarung und Aufruf einer
      Funktionsprozedur MEHRZWECKSUMME:

```
'BEGIN''COMMENT'RAHMENPROGRAMM MIT MEHRZWECKSUMME;
'INTEGER'I,N;
INPUT(5,'',N);
'BEGIN''ARRAY'SUMMAND [1:N];
'REAL''PROCEDURE'MEHRZWECKSUMME(SUMMAND,FVONI,N);
            'COMMENT'SUMMAND[FVON1]+SUMMAND[FVON2]+···
            SOLANGE FVONI KLEINER GLEICH N;
            'VALUE' N;
            'ARRAY'SUMMAND;
            'INTEGER'FVONI,N;
            'BEGIN''REAL'SUMME;
            SUMME:=0
            'FOR'I:=1,I+1'WHILE'FVONI≤N'DO'
            SUMME:=SUMME+SUMMAND[FVONI];
            MEHRZWECKSUMME:=SUMME
            'END';
INARRAY(5,SUMMAND);
OUTPUT(6,'',MEHRZWECKSUMME(SUMMAND,  I  ,N),
            MEHRZWECKSUMME(SUMMAND,2×I  ,N),
            MEHRZWECKSUMME(SUMMAND,2×I-1,N))
'END'
'END'
```

Gegeben seien die 5 Summanden 1,2,3,4,5. Die Mehrzweck-
summe berechnet für I (alle Indizes) die Summe 1+2+3+4+5=15,
für 2×I (gerade Indizes) die Summe 2+4=6 und für 2×I-1
(ungerade Indizes) die Summe 1+3+5=9

INPUT v. INARRAY von Karten	OUTPUT über Drucker
5,1,2,3,4,5	15 6 9

Entscheidend ist,daß der formale Parameter FVONI nicht im
Wertaufrufteil mit'VALUE'FVONI genannt wird. So wird FVONI
bzw. werden die späteren aktuellen Parameter I,2×I,2×I-1 direkt ohne vorherige Berechnung des Endwertes (der ja wegen
unbekannten Wertes von I auch gar nicht vorher berechnet
werden kann) und ohne Anlegen eines Speicherduplikates für
diesen Endwert in den Prozedurrumpf als Formel eingebracht
und schließlich in der Laufanweisung 'FOR'I:=1,I+1••• aus-
gewertet. Diese Art Aufruf (sogenannter Namensaufruf oder
Formelaufruf oder direkter Aufruf) bedeutet im Gegensatz
zum Wertaufruf unmittelbares Einsetzen des aktuellen Parameters in den Prozedurrumpf (vgl.6.1.3). Aus Speicherer-
sparnisgründen soll die Nennung von SUMMAND im Wertaufrufteil entfallen.

6.3.6 Überraschende Effekte bei formalen Parametern ohne Wertaufruf:

Sind formale Parameter nicht im Wertaufrufteil genannt,
so muß der Programmierer bei der Wahl der aktuellen Parameter stets etwaige Übereinstimmung mit lokalen Parametern
im Prozedurrumpf und daraus resultierende Effekte bedenken.

Im Beispiel 6.3.5 werden durch Wahl des aktuellen Parameters I bzw. 2×I bzw. 2×I-1 (bei lokalem Parameter I im Prozedurrumpf) absichtlich solche Effekte erzielt.

Im Beispiel 6.3.1 würde durch Wahl des aktuellen Parameters T (für M) (bei lokalem Parameter T im Prozedurrumpf) der Aufruf TAUSCH(T,M) bedeuten, daß wegen T:=T;T:=M;M:=T lediglich "T:=M" ausgeführt wird, aber keine Vertauschung der Werte von T und M!

7   Standard-E/A/Format-Prozedur-Anweisungen INPUT/OUTPUT

Im "Revised Report on the Algorithmic Language ALGOL 60"
(Herausgeber P.Naur 1962) sind noch keine Ein/Ausgabe-
Prozeduren festgelegt. Komfortable Standardprozeduren zur
Eingabe und Ausgabe mit wählbaren Formaten wurden heraus-
gegeben in "A Proposal for INPUT-OUTPUT Conventions in
ALGOL 60" (Herausgeber D.E.Knuth 1964). Diese INPUT-OUTPUT
Prozeduren sind inzwischen allgemein empfohlen und einge-
führt und machen ALGOL 60 auch für umfangreiche Ein/Aus-
gabe-intensive Probleme der Datenverarbeitung verwendbar.

7.1 Produktionsschema

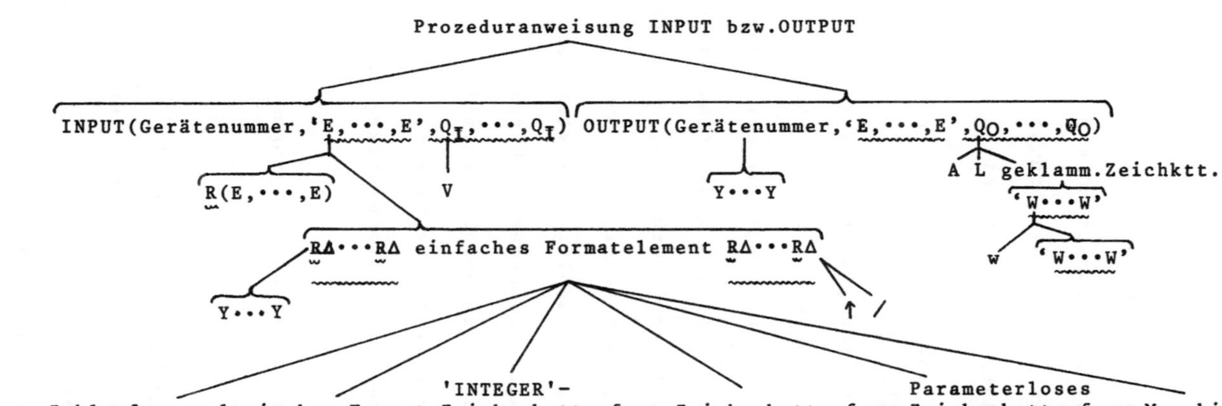

Hilfszeichen		Hilfszeichen		Hilfszeichen	
A	arithmetischer Ausdruck	Q_I	aktueller Parameter von INPUT	W	klammerstrukturierte Zeichenkette
E	Formatelement	Q_O	aktueller Parameter von OUTPUT	w	Endzeichen (s.2.1.1)ausgenommen ' und '
L	logischer Ausdruck	R	Wiederholung	Y	Ziffer
		V	Variable	Δ	Vorschub

7.1.1 Zusatzregel für Gerätenummer:

Die Gerätenummer ist aus einer vorgegebenen Teilmenge der natürlichen Zahlen zu wählen. Jeder natürlichen Zahl aus dieser Teilmenge ist ein Eingabegerät oder ein Ausgabegerät zugeordnet. Die Gerätenummer in einer INPUT-Anweisung muß ein Eingabegerät und die Gerätenummer in einer OUTPUT-Anweisung muß ein Ausgabegerät bezeichnen.

7.1.2 Zusatzregeln für Zuordnung der Formatelemente und Parameter:

Die eineindeutige Zuordnung zwischen Formatelementen und Parametern wird i.a. durch die entsprechende Positionen in den Auflistungen gegeben. Nur parameterlose Zeichenkettenformate zählen nicht als entsprechende Position. Sind zuwenig Formatelemente vorhanden, so werden Standardformatelemente fiktiv eingefügt, sind zuviel Formatelemente vorhanden, so werden überzählige Formatelemente ignoriert. In der Formatelementliste werden in Klammern ( ) gesetzte und mit Wiederholung versehene Listenteile wiederholt gezählt. Stehen Klammern ( ) ohne vorgesetzte Wiederholung, so bedeutet dies unendliche Wiederholung des in Klammern gesetzten Listenteils.
Jeder Parameter wird gemäß dem ihm zugeordneten Formatelement ein- bzw. ausgegeben.

7.1.3 Zusatzregeln zur Wiederholung und für Vorschub:

Eine Wiederholung ist eine natürliche Zahl, die entweder vor einem in Klammern ( ) gesetzten Teil der Formatelementliste (siehe Zusatzregel 7.1.2)oder vor einem Vorschub Δ

steht. Sie bewirkt vor ⭡ soviel Seitenvorschübe bzw. vor /
soviel Zeilenvorschübe wie die natürliche Zahl angibt. Ein
Vorschub ohne Wiederholung wird nur einmal ausgeführt.

Beispiel:

```
  .
  .
  .
 X:=2;Y1:=31;Y2:=32;
 OUTPUT(6,'⭡2D,2(2/3D)',X,Y1,Y2)
  .
  .
```

über Drucker

```
⭡O2      ⭡
⭡O31     ⭡
⭡O32
```

Die einfachen Formatelemente 2D (drucke zwei Ziffern) und
3D (drucke drei Ziffern) sind Zahlenformate (siehe 7.2). Es
sind 3 Formatelemente vorhanden: ⭡2D und 2/3D und 2/3D (2/3D
doppelt, da 2(2/3D)). Diese 3 Formatelemente sind den 3 Parametern X,Y1,Y2 zugeordnet. Vor dem Druck von X wird ein Sei-
tenvorschub "⭡", vor dem Druck von Y1 bzw. Y2 je zwei Zeilenvorschübe "2/" gegeben.

Beispiele zu 7.2 (siehe unten):

a) OUTPUT(6,'+DD',-3)   über Drucker   -03

b) OUTPUT(6,'+ZD',-3)   über Drucker   ‾3

c) OUTPUT(6,'+D.D',-3.25)   über Drucker   -3.3

d) OUTPUT(6,''X:='B-ZD.2DT$_{10}$+DC',1.1009)
$\qquad\qquad\qquad\qquad$ über Drucker   X:= $11.00_{10}-1$,

e) OUTPUT(6,''X:='B-ZDV2DT$_{10}$+DC',1.1009)
$\qquad\qquad\qquad\qquad$ über Drucker   X:= $1100_{10}-1$,

f) OUTPUT(6,''X:='B-ZD.2D$_{10}$+DC',1.1009)
$\qquad\qquad\qquad\qquad$ über Drucker   X:= $11.01_{10}-1$,

g) OUTPUT(6,''X:='BDD.DD$_{10}$-DC',1.1009)
$\qquad\qquad\qquad\qquad$ über Drucker   X:= $11.01_{10}-1$,

h) OUTPUT(6,''X:='B+2D.2D$_{10}$-D',1.1009)
$\qquad\qquad\qquad\qquad$ über Drucker   X:= $+11.01_{10}-1$

i) INPUT(5,'13B2D,DV2D',X,Y);OUTPUT(6,''X:='2DB,'Y:='D.D',X,Y)

von Karten	über Drucker
EINGABEDATEN:12345	X:=12 Y:=3.5

zuläss. Zeichen	Bedeutung	INPUT-Besonderh.	OUTPUT-Besonderh.	zulässige Position	max.Anzahl pro Pos.	insges.
B	Leerzeichen	gezählt,nicht gelesen		bel.	bel.	bel.
C	Komma zur Unterteilung, nicht als Dezimalpunkt	gezählt,nicht gelesen	nach Z nur,falls keine Nullunterdrückung	nach Z,nach D	1	bel.
D	Ziffer	statt führender Null:Leer/Vorzeich. zulässig		bel.	bel.	bel.
T	Abschneiden statt Runden	nicht gezählt nicht gelesen		Basis-Ende,jedoch vor Basis-Ende-Vorz.	1	1
Z	Nullunterdrückung durch Leerzeichen, sonst Ziffer	statt Leerzeichen: Null/Vorzeich. zulässig		Basis: vor Dezim.Pkt. Exponent:nicht nach D	bel.	bel.
+	Vorzeichen in jedem Fall	fehlendes Vorzeichen wie Positiv-Fall.Vorzeich. auch v. führender Z,D,C-Posit.lesbar	im Exponent: Leerstelle,falls Expon.ohne D und gleich Null	Basis-Anfang oder:-Ende,falls kein Exponent. Im Exponent nach 1o	1	2
−	Vorzeichen nur im Negativ-Fall,sonst Leerst.					
•	(expliziter)Dezimalpunkt			Basis	1	1
V	impliziter Dezimalpunkt	nicht gez.,nicht gel. Dezimalpkt. gesetzt	nicht gedruckt			
1o	Exponent-Zehn		Leerst.falls Expon. ohne D u.gleich Null	Exponent-Anfang	1	1
nat. Zahl	Wiederholungszahl f.das folgende Zeichen			vor B,vor D,vor Z	1	bel.
geklammerte Zeichenkette z.B. 'TEXT'		gezählt,nicht gelesen	gedruckt	bel.	bel.	bel.
zugehöriger Parameter:		'REAL'/INTEGER'Var.	arithm.Ausdruck			

7.3 Logisches Format

zuläss. Zeichen	Bedeutung	INPUT-Besonderh.	OUTPUT-Besonderh.	zuläss.Position	max.Anzahl pro Pos.	ins-ges.
B	Leerzeichen	gezählt,nicht gelesen		nicht zwischen FF oder 5F	bel.	bel.
F	logischer Wert T bzw.F			entweder F oder FFFFF oder P	1	1
FFFFF oder 5F	logischer Wert TRUE bzw.FALSE			entweder F oder FFFFF oder P	1	1
P	logischer Wert 1 bzw.0			entweder F oder FFFFF oder P	1	1
nat.Zahl	Wiederholungszahl für das folgende Zeichen			vor B,5vorF	1	bel.
geklammerte Zeichenkette z.B.'TEXT'		gezählt, nicht gelesen	gedruckt	nicht zwischen FF oder 5F	bel.	bel.
zugeordneter Parameter:		'BOOLEAN'-Variable	logischer Ausdruck			

Beispiele: a) OUTPUT(6,''LOGIK'BF,BFFFFF,5F,3BP','FALSE','TRUE','FALSE','TRUE')

über Drucker|LOGIK F TRUE FALSE   1

b) INPUT(5,''NR'BF,P',X,Y);OUTPUT(6,''X='5FB,'Y='FFFFF',X,Y)

von Karte	über Drucker
13 TO	X=TRUE Y=FALSE

zuläss. Zeichen	Bedeutung	INPUT-Besonderh.	OUTPUT-Besonderh.	zuläss. Position	Max.Anzahl pro Pos.	insges.
A	1 Zeichen abgebildet auf $1/n$'INTEGER'-Variable, n Rechenanl.-abhängig			bel.	bel.	bel.
B	Leerzeichen	gezählt, nicht gel.		bel.	bel.	bel.
nat. Zahl	Wiederholungszahl für das folgende Zeichen			vor A, vor B	1	bel.
geklammerte Zeichenkette z.B. 'TEXT'		gezählt, nicht gelesen	gedruckt	bel.	bel.	bel.
zugeordneter Parameter:		'INTEGER'-Variable	'INTEGER'-Variable			

EQUIV('W···W') ist eine Standardfunktionsprozedur mit einem Parameter vom Typ 'STRING',
d.h. einer geklammerten Zeichenkette (vgl.6.1.4). Der Funktionswert ist die 'INTEGER'-Zahl,
die der geklammerten Zeichenkette entspricht (wie bei INPUT).

Beispiele: a) INPUT(5,'NR'B6A,2A',I,Q[2]);OUTPUT(6,'6A,2A'ZEICHENKETTE'',I,Q[2])

von Karte	über Drucker
13 INTEGER-	INTEGER-ZEICHENKETTE

(I und Q[2] sind vom Typ 'INTEGER])

b) ⦾NPUT(5,'NR'B6A,2A',I,Q[2]);'IF'I=EQUIV('INTEGE')'THEN''GO TO'HALT

   bei Eingabe von Karte wie in a) geht das Programm nach Halt

zuläss. Zeichen	Bedeutung	INPUT- Besonderh.	OUTPUT- Besonderh.	zuläss. Position	Max.Anzahl pro Posit.	insges.
B	Leerzeichen	unzulässig		bel.	bel.	bel.
S	Endzeichen (2.1.1)	unzulässig	überzähl.Zeichen ignoriert,fehlende durch Leerzeich. rechts ergänzt	bel.	bel.	bel.
nat. Zahl	Wiederholungszahl für das folgende Zeichen	unzulässig		vor B,vor S	1	bel.
geklammerte Zeichenkette z.B.'TEXT'		unzulässig	gedruckt	bel.	bel.	bel.
zugeordneter Parameter:		unzulässig	Typ'STRING'			

Beispiel: OUTPUT(6,''ARTIKEL'5B15S,20S','PREIS IN DM','ANTEIL IN 0/0')

über Drucker│ARTIKEL   PREIS IN DM   ANTEIL IN 0/0   │

Die beiden Parameter 'PREIS IN DM' und 'ANTEIL IN 0/0' vom Typ 'STRING' wurden linksbündig in ihre augehörigen einfachen Formatelemente eingesetzt. Zeichenkettenformate eignen sich gut für Tabellenkopfzeilen.

7.6 Parameterloses Zeichenkettenformat

zuläss. Zeichen	Bedeutung	INPUT-Besonderh.	OUTPUT-Besonderh.	zuläss. Position	Max.Anzahl pro Pos.	insges.
B	Leerzeichen	unzulässig		bel.	bel.	bel.
nat. Zahl	Wiederholungszahl für das folgende Zeichen	unzulässig		vor B	1	bel.
geklammerte Zeichenkette z.B.'TEXT'		unzulässig	gedruckt	bel.	bel.	bel.
zugeordneter Parameter:		unzulässig	parameterlos			

Beispiel: OUTPUT(6,'5B'UEBERSCHRIFT'')

über Drucker| UEBERSCHRIFT

Zum Formatelement '5B'UEBERSCHRIFT'' ist kein zugehöriger Parameter vorhanden, es wird direkt als Zeichenkette ausgegeben. Parameterlose Zeichenkettenformate eignen sich gut für Überschriften.

7.7 Maschinenformat

zuläss. Zeichen	Bedeutung	INPUT-Besonderh.	OUTPUT-Besonderh.	zuläss. Position	Max.Anzahl pro Posit.	ins-ges.
I	'INTEGER'-Variable in Maschinencode-Darstellung			entweder I oder L oder R	1	1
L	'BOOLEAN'-Variable in Maschinencode-Darstellung					
R	'REAL'-Variable in Maschinencode-Darstellung					
zugeordneter Parameter:		Variable vom entspr.Typ	Ausdruck vom entspr.Typ			

Beispiel

...'INTEGER'I1;'REAL'R1;'BOOLEAN'L1;INPUT(5,'I,R,L',I1,R1,L1);OUTPUT(6,'I,R,L',I1,R1,L1)...

von Karte	über Drucker
0400000000104000000018000000001	0400000000104000000018000000001

Es liegt der spezielle Maschinencode der Rechenanlage AEG-TELEFUNKEN TR440 vor.

Die 'INTEGER'ZAHL 1 und die 'REAL'ZAHL 1.0 sind gleichermaßen als $0.1_{10}1$ (Typenkennung 00 vorn),d.h.

als 10×5-bit Wort 00000 00100 00000 00000 00000 00000 00000 00000 00000 00001 d.h.als 0400000001 dargestellt,

und die 'BOOLEAN'ZAHL 'TRUE' als 1 (Typenkennung 01 vorn) d.h.

als 10×5-bit Wort 01000 00000 00000 00000 00000 00000 00000 00000 00000 00001 d.h.als 8000000001 dargestellt.

7.8 Beispiele mit Hinweis auf INLIST/OUTLIST

7.8.1 Pascal'sches Zahlendreieck, 1-stellig:

```
'BEGIN''COMMENT'1-STELLIGES PASCAL'SCHES ZAHLENDREIECK;
       'INTEGER'N,K;
       'INTEGER''ARRAY'ZAHL[0:4];
       OUTPUT(6,'⊦'PASCAL3ECK'');
       'FOR'N:=0'STEP'1'UNTIL'4'DO'
       'BEGIN'OUTPUT(6,'/');
               ZAHL[N]:=1;
               'FOR'K:=N-1'STEP'-1'UNTIL'1'DO'
               ZAHL[K]:=ZAHL[K]+ZAHL[K-1];
               'FOR'K:=1'STEP'1'UNTIL'4-N'DO'OUTPUT(6,'B');
               'FOR'K:=0'STEP'1'UNTIL'N'OUTPUT(6,'BD',ZAHL[K])
       'END'
'END'
```

```
OUTPUT über Drucker

P A S C A L 3 E C K
            1
         1     1
       1    2    1
     1    3    3    1
   1    4    6    4    1
```

Die einfachen Formatelemente der OUTPUT's in Zeile 4,6 und 10
sind parameterlose Zeichenkettenformate (siehe 7.6). Das
einfache Formatelement des OUTPUT's in Zeile 11 ist ein Zahlenformat (siehe 7.2).
In gleicher Weise lassen sich 2-stellige, 3-stellige etc.
Pascal'schen Zahlendreiecke konstruieren,jedoch kein s-stelli-
ges mit beliebig einzulesendem s, da für Zahlenformat im OUTPUT
nur feste Wiederholungsfaktoren aber keine variablen Wiederholungsfaktoren zugelassen sind.

7.8.2 Pascal'sches Zahlendreieck, s-stellig:

Variable Wiederholungsfaktoren X, Prozeduren an Stelle der
geklammerten Formatelementliste und der Parameterliste sowie weiterer Komfort sind für die ebenfalls von Knuth 1964
herausgegebenen (siehe dort) Standardprozeduren INLIST/
OUTLIST vorgesehen, die Verallgemeinerungen von INPUT/OUTPUT
darstellen.

```
'BEGIN''COMMENT'MIND.S-STELL.PASCAL'SCHES ZAHLENDREIECK
       AUF MIND.(4×S+1)×(S+1)-BREITEM PAPIER;
     'INTEGER'S,N,K;INPUT (5,'',S);
     'BEGIN''INTEGER''ARRAY'ZAHL[O:4×S  ];
           'PROCEDURE'FORMATLISTE;FORMAT('X(XZD)',N+1,S);
           'PROCEDURE'PARMTRLISTE(LAUF);'PROCEDURE'LAUF;
                 'FOR'K:=O'STEP'1'UNTIL'N'DO'LAUF(ZAHL[K]);
          OUTPUT(6,'↑'PASCAL3ECK'');ZAHL[O]:=1;
          'FOR'N:=O,N+1'WHILE'ZAHL[N/2]<10↑S'DO'
          'BEGIN'OUTPUT(6,'/');
                 ZAHL[N|:=1;
                 'FOR'K:=N-1'STEP'-1'UNTIL'1'DO'
                 ZAHL[K]:=ZAHL[K]+ZAHL[K-1];
                 'FOR'K:=1'STEP'1'UNTIL'((4×S  -N)×(S+1))/2'DO'OUTPUT(6,'' '');
                 OUTLIST(6,FORMATLISTE,PARMTLISTE)
           'END'
       'END'
'END'
```

Für S=1 ergibt sich eine Zeile mehr als im Druck 7.8.1

8 Übungsaufgaben

Die Vorschläge für Übungsaufgaben stammen zum Teil von

Hörern meiner ALGOL-Vorlesungen seit 1968, zum Teil aus

der im Literaturverzeichnis genannten Literatur und zum

Teil aus Beiträgen von R.Nicolovius (Hamburg), H.Schauer

(Wien) und R.Ziegler (Stuttgart). Die Übungsaufgaben sind

geordnet nach dem ACM-Index (1te-3te Stelle), laufend

durchnumeriert (4te-6te Stelle) und ihr Schwierigkeitsgrad

(7te Stelle) ist durch L=leicht, M=mittel, S=schwer ge-

kennzeichnet.

A01001M   Tabelle der pythagoräischen Zahlentripel < 100.

A01002M   Tabelle der Fibonaccizahlen $F_1, \cdots, F_{500}$.

A01003M   a) Primfaktorzerlegung einer nat.Zahl oder

           b) Prüfung einer nat.Zahl auf Primzahl.

A01004M   a) Tabelle der Primzahlen oder

           b) Tabelle der Anzahl $k_1(n)$ der Primzahlen
              kleiner gleich n, n=2,3,5,7,$\cdots$,499.

A01005M   a) Tabelle der Primzahlzwillinge oder

           b) Tabelle der Anzahl $k_2(n)$ der Primzahlzwillinge
              kleiner gleich n, n=2,3,5,7,$\cdots$,999.

A01006M   Primzahlvorkommen < 10 000 notiert mit 'P' für
           'Primzahl' und '·' für 'keine Primzahl'; ohne
           Angabe der Primzahlwerte.

A01007S   Berechnung der Euler-Funktion:

$$\varphi(c) = c \prod_{p \mid c} (1 - \tfrac{1}{p})$$

und Überprüfung der Beziehung

$$\Phi(n) = \sum_{c \mid n} \varphi(c) = n \quad \text{(summatorische Euler-Funktion)},$$

wobei das Produkt über alle Primteiler p von c zu
bilden ist. $\varphi(c)$ gibt die Anzahl aller nat.Zahlen
$< c$ an, die zu c teilerfremd sind.

A01008M   Überprüfung der Goldbach'schen Vermutung für
           gerade Zahlen ungleich 2 (bis 500).

A01009M   Tabelle der "vollkommenen Zahlen" < 1 000 000.

A01010M   Bestimmung des kleinsten gemeinsamen Vielfachen
           von n nat.Zahlen.

A01011M   Größter gemeinsamer Teiler von n nat.Zahlen.

A01012M   Konvertierung einer nat.Zahl vom Dezimal-System
          in ein beliebiges k-Ziffern-Stellensystem $(k \neq 10)$.

A01013M   Konvertierung einer nat.Zahl von einem beliebigen
          k-Ziffern-Stellensystem $(k \neq 10)$ ins Dezimalsystem.

A01014S   Konvertierung einer nat.Zahl von einem beliebigen
          k_1-Ziffern-Stellensystem über das Dezimalsystem
          in ein beliebiges k_2-Ziffern-Stellensystem.

A01015S   a) Addition zweier Zahlen in einem beliebigen
             k-Ziffern-Stellensystem $(ev.k \leq 10)$ oder

          b) "Kleines 1×1" in einem beliebigen k-Ziffern-
             Stellensystem $(ev.k \leq 10)$.

A01016M   Wiederholte Quersummenbildung einer nat.Zahl (z.B.
          in Dezimaldarstellung).

A01017L   "Pfänderspiel", d.h.Ausdrucken der nat.Zahlen von
          1 bis 100 ohne Zahlen, die 7 als Ziffer enthalten
          oder die durch 7 teilbar sind.

A01018M   "Abzählspiel", d.h. von n Personen wird durch
          Abzählen jede m-te ausgeschieden (und nicht mehr
          mitgerechnet); welche bleibt übrig?

A01019L   Tabelle des Bremsweges eines Kraftfahrzeuges in
          Abhängigkeit von der Geschwindigkeit v und der
          Bremsbeschleunigung b.

A01020L   "Verfolgungsfahrt", d.h. nach welcher Zeit (Std.,
          Min.,Sec.) überholt der Fahrer A (Geschwindigkeit a)
          den Fahrer B (Geschwindigkeit b), wenn sie mit
          $1/2$ Runde (Rundenlänge l) Abstand gleichzeitig
          starten?

A01021L   Joukowski-Transformation

          $$w = z + \frac{1}{z} \text{ für komplexes } z.$$

A02022M   Berechnung von $\sqrt{z}$ oder z^2 oder z^r (r rational)
          für komplexes z.

A02023S   Aufstellung von Unterprogrammen für komplexe Arith-
          metik (z.B. für eine lineare Transformation).

B04024M   100-stellige Tabelle der Potenzen von 2 oder von n
          (n nat.Zahl).

B04025M   Berechnung von $2\sqrt{x}$ (auf 100 Stellen genau).

C01026M   Wert der n-ten Ableitung eines Polynoms.

C01027M   Division eines Polynoms von Grad k_1 durch ein
          Polynom von Grad $k_2 \leq k_1$.

C01028M   Prüfung eines Polynoms auf Irreduzibilität
          (z.B. mit dem Nullstellenkriterium).

CO2029M   Lösung von

$$x^2 + px + q = 0 \qquad \text{(Norm/alform) oder}$$
$$ax^2 + bx + c = 0 \qquad \text{(Allgem.Form)}$$

(auch komplexe Lösungen, a=0,b=0 berücksichtigen).

CO2030M   Bestimmung einer reellen Nullstelle eines Polynoms nach dem Newton'schen Iterationsverfahren.

CO2031M   Berechnung von $2\sqrt{x}$ oder $3\sqrt{x}$ oder $n\sqrt{x}$ mit dem
Newton'schen Iterationsverfahren.

CO2032M   Berechnung von $2\sqrt{x}$ oder $3\sqrt{x}$ oder $n\sqrt{x}$ nach der
regula falsi.

CO2033M   Graeffe-Verfahren zur Berechnung einer Nullstelle eines Polynoms.

CO2034S   Lösung der kubischen Gleichung in allgemeiner Form
(Cardani'sche Formel).

CO2035S   Bestimmung einer komplexen Nullstelle eines Polynoms (z.B. nach dem Newton'schen Iterationsverfahren oder nach Bairstow).

CO4036L   Suchverfahren für den Schnittpunkt zweier auf
einem Intervall erklärten reellen Funktionen.

Bestimmung der Lösung eines nicht-linearen oder
linearen Gleichungssystems x=Ax+r mit dem

CO4037M   a) Gesamtschrittverfahren,

CO4038M   b) Einzelschrittverfahren.

CO4039M   Bestimmung einer Nullstelle einer beliebigen
reellen Funktion mit dem Newton'schen Iterationsverfahren.

CO4040S   Bestimmung einer Nullstelle einer beliebigen reellen
Funktion mit Hilfe der regula falsi.

CO4041S   Bestimmung einer Nullstelle einer beliebigen rellen
Funktion gemischt mit dem Newton'schen Iterationsverfahren und der regula falsi (Steffensen).

CO5042M   Bestimmung einer Nullstelle einer transzendenten
Gleichung (z.B.: x=-ln x) durch gewöhnliche
Iteration.

CO6043L   Berechnung der Werte der (bei der Berechnung des
Exponentialintegrals auftretenden) Reihe

$$y = \sum_{k=1}^{\infty} \frac{x^k}{k!\cdot k} = x + \frac{x^2}{2!\cdot 2} + \frac{x^3}{3!\cdot 3} \cdots = \int_{0}^{x} \frac{e^{t-1}}{t}\, dt$$

für x=-2.0, -1.9, $\cdots$,+2.0
auf 6 Stellen genau.

CO6044M   Vergleich der Näherungen an π (auf 100 Stellen genau)
hinsichtlich ihrer Konvergenzgeschwindigkeit:

$$\text{a)} \qquad \frac{\pi^2}{6} = \sum_{i=1}^{\infty} \frac{1}{i^2}$$

b) $\quad \dfrac{\pi}{4} = \text{arctg} 1 = 1 - \dfrac{1}{3} + \dfrac{1}{5} - \dfrac{1}{7} \pm \cdots$

c) eventuell andere Näherungen.

C06045M Vergleich der Näherungen an e (auf 100 Stellen genau) hinsichtlich ihrer Konvergenzgeschwindigkeit:

a) $\lim\limits_{n\to\infty} (1 + \dfrac{1}{n})^n = e = \lim\limits_{n\to\infty} (1 - \dfrac{1}{n})^{-n}$

b) $e = \sum\limits_{i=0}^{\infty} \dfrac{1}{i!}$

c) eventuell andere Näherungen.

C06046M Programmierung einer "Mehrzweck"-Reihe, d.h. einer Funktionsprozedur, die es je nach Parameterwahl gestattet, u.a. die Funktionen
$\text{arctan } x$, $\ln(1+x)$, $\ln\dfrac{1+x}{1-x}$ für $|x| < 1$ darzustellen.

D02047S Lösung einer gewöhnlichen Differentialgleichung oder einer Integralgleichung nach einem Differenzenverfahren.

D01048M Integration nach einer Formal niedrigerer Ordnung als nach Romberg.

D01049S Integration nach Romberg.

D03050S Lösung einer partiellen Differentialgleichung nach einem Differenzenverfahren.

E02051M Näherungsweise Bestimmung von π durch dem Kreis ein- (um-) beschriebene n-Ecke (Summation über kleine Rechteckseiten).

E02052S Ausgleichsrechnung.

E04053L Suchverfahren für das Auffinden von relativen und absoluten Extrema einer reellen Funktion auf einem Intervall.

F00054M Aufzählen (von 500 Elementen) der Menge $N \times N = \{(1,1),(2,1),(1,2), \cdots\}$ gemäß einem Diagonalverfahren (auch Formel existiert).

Vektornormen:
$$\|x\| = \left(\sum_{i=1}^{n} |x_i|^k\right)^{1/k} \quad (x \in R^n)$$

F01055L a) Für k=1:
$$\|x\| = \sum_{i=1}^{n} |x_i| \qquad \text{(Betragssummennorm)}$$

F01056L b) Für k=2:
$$\|x\| = \left(\sum_{i=1}^{n} |x_i|^2\right)^{1/2} \quad \text{(Euklidische Norm)}$$

F01057L   c) Für k gegen unendlich:

$$\|x\| = \underset{i=1,\cdots,n}{\text{Max}} \; |x_i| \qquad \text{(Tschebyscheff-Norm)}$$

F01058L   Zeilensummennorm einer Matrix

$$\|A\| = \underset{j}{\text{Max}} \; | \sum_{j=1}^{n} a_{ij} |$$

F01059L   Spaltensummennorm einer Matrix

$$\|A\| = \underset{i}{\text{Max}} \; | \sum_{j=1}^{n} a_{ij} |$$

F01060L   "Dyadisches Produkt" zweier Vektoren.

F01061L   Transponieren einer Matrix.

F01062L   Multiplikation zweier Matrizen.

F01063L   Prüfung einer Matrix A (Transponierte A') auf

           a) AA' = A'A , d.h. "A normal" und

           b) AA' = E (Einheitsmatrix), d.h. "A orthogonal".

F01064L   Prüfung von AB = BA für zwei gegebene Matrizen A,B.

F01065L   Spur einer Matrix.

F01066M   Bestimmung des Winkels zwischen zwei Vektoren
           (allgemein für Dimension m).

F01067M   Bestimmung des Ranges einer Matrix nach Gauß.

F01068M   Austausch der ersten Spalte und Zeile einer
           m·n-Matrix gegen diejenige Spalte und Zeile mit
           dem betragsmäßig größten Diagonalelement (Pivot-
           Element).

F01069M   Matrizeninversion durch Pivot-Transformation
           (Matrix reell, symmetrisch).

F01070S   Ermittlung des betragsmäßig größten Eigenwertes
           einer reellen (symmetrischen) Matrix und des zu-
           gehörigen Eigenvektors durch Bildung von Rayleigh'-
           schen Quotienten.

F02071S   Ermittlung des betragsmäßig größten Eigenwertes
           einer reellen symmetrischen Matrix und des zugehö-
           rigen Eigenvektors nach dem Jakobi'schen Itera-
           tionsverfahren.

F02072M   Bestimmung der Lage der Hauptachsen einer Ellipse.

F03073S   Berechnung einer Determinante durch Entwicklung
           nach Zeilen oder Spalten.

F03074S   Berechnung einer Determinante durch Transformie-
           ren auf Dreiecksform (z.B.Gauß'scher Algorithmus).

F03075S   Berechnung einer Determinante nach der Formel

$$\text{Det}\,(a_1,\cdots,a_n) = \sum \text{sign}\,(\nu_1, \quad ,\nu_n) a_{1\nu_1} \cdots a_{n\nu_n} \,,$$

           wobei über alle Permutationen

           $(\nu_1,\cdots,\nu_n)$ der Ziffern $(1,\cdots,n)$ zu numerieren ist.

F04076S Lösung eines linearen Gleichungssystems nach
         Gauß oder Banachiewicz.

F04077S Lösung eines linearen Gleichungssystems nach
         einem Verfahren mit Pivot-Suche.

G0078M   Berechnung von Mittelwert $\bar{x},\bar{y}$, mittlerer Streuung
         s_x,s_y und Korrelationskoeff.r aus $(x_1,\cdots,x_n),(y_1,\cdots,y_n)$.

$$\bar{x} = \frac{1}{n}\sum_{i=1}^{n} x_i, \quad s_x = \sqrt{\frac{1}{n-1}\sum_{i=1}^{n}(x_i-\bar{x})^2}$$

$$r = \frac{1}{(n-1)s_x s_y}\sum_{i=1}^{n}(x_i-\bar{x})(y_i-\bar{y}) \qquad (n\geq 2)$$

G0079M   Bestimmung der Plazierungen bei einer Fußball-
         meisterschaft. Jeder Verein spielt gegen jeden
         anderen genau einmal. Ein Sieg ergibt 2 Punkte,
         ein Unentschieden 1 Punkt. Bei Punktgleichheit
         entscheiden die Tordifferenzen (aus allen ge-
         schossenen und erhaltenen Toren einer Mann-
         schaft); sind auch diese gleich, so ergeben sich
         gleiche Plazierungen.

G01080M d'Hondt'sches Höchstzahlverfahren oder andere
         Verfahren zur Auszählung von Sitzverteilungen
         aus Stimmverteilungen.

G05081M Pseudozufallszahlengenerator (z.B. durch Quer-
         summen von Potenzfolgen).

G05082M Monte Carlo Methode zur Bestimmung der Fläche
         $f(x,y)\leq 0$, $0\leq x$, $y\leq 1$, durch Bildung von Zufalls-
         zahlenpaaren (a,b), $0\leq a,b\leq 1$, und Division der
         Anzahl der günstigen Fälle $f(a,b)\leq 0$ durch die
         Anzahl aller Fälle. (Z.B. $f(x,y)=x^2+y^2-1$ oder
         $f(x,y)=x^3-xy+y^3$.)

G06083M Bestimmung der lexikographisch nächsten Permuta-
         tion zu einer gegebenen Permutation.

G06084M Ausdrucken einer gegebenen Permutation in
         "Zyklenschreibweise".

G06085S Bestimmung der lexikographisch nächsten Variation
         zu einer gegebenen Variation von n Elementen zur
         k-ten Klasse.

G06086S Automorphismengruppe einer gegebenen Gruppe.

H00087S Auffindung magischer Quadrate aus Zahlen
         $1,2,\cdots,n^2$, n ungerade.

H00088S Optimierungsaufgaben (Netze, Graphen).

H03089S Endspielprobleme beim Schach.

H03090S Strategie für das Nimm-Spiel.

H03091S Simulation und Suchverfahren für das Puzzle-Spiel
         "Pentomino".(Eine Anzahl von vorgegebenen Figuren
         aus je 5 Quadraten sind in einen vorgegebenen Um-
         riß einzufügen.)

H03092S   Das Ziege-Wolf-Kohlkopf-Fährtransport-Problem.

J00093S   Simulation von Zeichnungen auf dem Schnelldrucker
           (mit OUTPUT oder OUTLIST).

M01094M   Ordnen durch Nachbartausch.

M01095M   Ordnen durch Maximumsuche.

M01096M   Ordnen durch Einordnen von Elementen.

M01097S   Ordnen durch Zusammenordnen von geordneten Mengen,
           beginnend mit Einermengen (Goldstine, v.Neumann).

M01098S   Stellenweises Ordnen, beginnend bei der niedrig-
           sten Stelle (Prinzip der Sortiermaschine).

R01099M   Logische Arithmetik, z.B.Nachweis von
           $((A\Rightarrow B)\wedge(B\Rightarrow C))\Rightarrow(A\Rightarrow C)$ für alle $A,B,C \in \{0,1\}$

S03100M   100-stellige Tabelle von n! (n natürliche Zahl).

S03101M   Berechnung von n! auf 100 Stellen mit der Stirling'-
           schen Formel und mit Fehlerabschätzung.

S03102M   8-stellige Tabelle der Binomialkoeffizienten $\binom{n}{k}$.

S03103S   5-stellige Tabelle der Binomialkoeffizienten $\binom{n}{k}$
           als Pascal'sches Dreieck
           (mit OUTPUT oder OUTLIST).

S16104M   Tabelle der Legendre-Polynome $P_n(x)$
           für n=0,1,$\cdots$,9 und x=-1,-0.99,$\cdots$,+1

S22105M   Tabelle der Tschebyscheff-Polynome $T_n(x)$
           für n=0,1,$\cdots$,9 und x=-1,-0.99,$\cdots$,+1

T01106S   Fourier-Analyse einer gegebenen periodischen,
           stückweise monotonen, stückweise stetigen
           Funktion

           f mit f(x) = f(x+ω)

           $$f(x) = \frac{a_0}{2} + \sum_{k=1}^{\infty} (a_k \cos (k\omega_0 x) + b_k \sin (k\omega_0 x))$$

           Bestimmung der ersten 5 Koeffizienten a_k,b_k (k=1,$\cdots$,5)

T03107S   Kalender: Bestimmung des Wochentages zu einem
           gegebenen Datum.

T03108S   Kalender: Tabelle der Datumszahlen und der zuge-
           hörigen Wochentage.

T03109S   Kalender: Bestimmung des Datums des Osterfestes.

T03110S   Kalender: Untersuchung, ob ein Jahr Schaltjahr ist.

T07111L   Fläche eines n-Ecks.

T07112L   Schwerpunkt eines n-Ecks.

T07113M   Prüfung eines n-Ecks auf Konvexität.

TO7114L   Berechnung des Produkts zweier Elemente des
           Quaternionenschiefkörpers.

TO7115M   Berechnung des Umfanges einer Ellipse mit den
           Hauptachsen a und b.

UOO116M   Ermittlung der Häufigkeit aller Buchstaben in
           einem Text (in Zahlencodierung).

UOO117M   Prüfung zweier Ketten natürlicher Zahlen darauf,
           ob sie (verschiedene) Codierungen der Art
           "jedes Zeichen aus dem Zeichenvorrat entspricht
           genau einer Zahl aus einer Teilmenge der natür-
           lichen Zahlen" derselben Zeichenkette sein könnten.

UOO118M   "Binäres" Suchen einer nat.Zahl in einer geordne-
           ten Kette nat.Zahlen durch fortlaufende Teilung
           der Kette und Bestimmung des Teils, der die Zahl
           enthält.

DK 681.14/.17 : 003.62   **DEUTSCHE NORMEN**   **Juni 1965**

Informationsverarbeitung Darstellung von ALGOL-Symbolen auf 5-Spur-Lochstreifen und 80spaltigen Lochkarten	**DIN** **66 006**

Information processing, representation of ALGOL symbols on 5-track punched tape and on 80-column punched cards

ALGOL (aus: algorithmic language) ist eine algorithmische Formelsprache [1]) und dient vorwiegend als Programmierungssprache. Eine in ALGOL formulierte Arbeitsvorschrift wird durch eine informationsverarbeitende Anlage mittels eines ihr angepaßten Übersetzungsprogramms in ein internes Maschinenprogramm übersetzt.

1. Zweck und Anwendung

Die Norm dient dazu, die Darstellung von ALGOL-Programmen auf Lochstreifen und Lochkarten zu vereinheitlichen, so daß Lochstreifen und Lochkarten mit ALGOL-Programmen zwischen verschiedenen informationsverarbeitenden Anlagen ausgetauscht werden können. In dieser Norm wird für 5-Spur-Lochstreifen und 80spaltige Lochkarten die Darstellung von in ALGOL-Programmen verwendeten Symbolen [2]) und Betriebszeichen festgelegt.

Für die Austauschbarkeit von ALGOL-Programmen durch Lochstreifen und Lochkarten sind nur die Lochkombinationen von Bedeutung und nicht die Druckbilder, die durch die Lochkombinationen erzeugt werden. Im Einzelfall können einige Lochkombinationen andere Druckbilder als die angegebenen ergeben.

Anmerkung: Bei der Auswahl der Zeichen wurde weitgehend auf Erfordernisse bei anderen Programmierungssprachen Rücksicht genommen. Die durch diese Norm empfohlene Zuordnung von Lochkombinationen zu ALGOL-Zeichen greift einer Norm für eine Lochstreifen- oder Lochkartendarstellung allgemeiner Zeichensätze nicht vor, auch wenn das Druckbild bestimmter ALGOL-Zeichen dem Druckbild allgemeiner Zeichen gleich ist.

2. Darstellung auf 5-Spur-Lochstreifen [3])

2.1. Die Darstellung der Schriftzeichen für ALGOL auf 5-Spur-Lochstreifen basiert auf dem Internationalen Telegraphen-Alphabet Nr 2 [4]). Von diesem wurde an den nachfolgend genannten Stellen abgewichen:

Telegraphen-Alphabet	Schriftzeichen für ALGOL
?	× (Multiplikationszeichen)
⌂ (Klingel)	;
F ziffernseitig	[
G ziffernseitig	]
H ziffernseitig	10 (Basiszehn)

Die vollständige Liste der Lochkombinationen und ihre Zuordnung zu den Schriftzeichen für ALGOL und den Betriebszeichen ist in Tabelle 1 gegeben. Die Verwendung der Lochkombination Nr 4 auf der Ziffernseite (Wer da?, Auslösung des fremden Namengebers) ist nicht erlaubt. Dasselbe gilt für die Verwendung der Lochkombination Nr 32 sowohl auf der Buchstabenseite als auch auf der Ziffernseite. Die in runde Klammern gesetzten Wörter, wie (Basiszehn), entsprechen nicht dem Druckbild, sondern dienen zur Erläuterung.

2.2. Die Darstellung von ALGOL-Symbolen mit Hilfe des nach Tabelle 1 verfügbaren Zeichenvorrats ist in Tabelle 3 wiedergegeben. Darin nicht enthalten sind die (im ALGOL-Report [1]) fett gedruckten) Wortsymbole. Die in runde Klammern gesetzten Wörter, wie (Komma), entsprechen nicht dem Druckbild, sondern dienen zur Erläuterung.

Die Wortsymbole, wie go to, werden auf Lochstreifen derart dargestellt, daß die Buchstabenfolge des Wortsymbols zu Beginn und am Ende durch je einen Apostroph begrenzt wird, z. B. 'GO TO'. Etwa in Wortsymbole eingefügte Zwischenräume, Wagenrückläufe, Zeilenvorschübe, Buchstaben- und Ziffernumschaltungen sind bedeutungslos.

3. Darstellung auf 80spaltigen Lochkarten

3.1. Die Zuordnung der Lochkombinationen zu den Schriftzeichen für ALGOL ist in Tabelle 2 gegeben [5]). Der Übersichtlichkeit halber ist in dieser Tabelle die Lochkartenspalte waagerecht dargestellt. Alle nicht angegebenen Lochkombinationen, z. B. die Lochkombination 11-3-8 [6]), sind in ALGOL-Programmen nur in Bemerkungen und Zeichenreihen zulässig (siehe aber Anmerkung zu Abschnitt 3.2). Die in runde Klammern gesetzten Wörter, wie (Null), entsprechen nicht dem Druckbild, sondern dienen zur Erläuterung.

---

[1]) siehe Backus, J. W., et al.: Revised Report on the algorithmic language ALGOL 60. Num. Mathematik 4 (1963) S. 420—543. Diese von der International Federation for Information Processing (IFIP) gebilligte Veröffentlichung wird in dieser Norm kurz „ALGOL-Report" genannt.

[2]) Unter „Symbol" wird ein Zeichen oder eine in einem bestimmten Zusammenhang als Einheit betrachtete Folge von Zeichen verstanden, siehe DIN 44 300.

[3]) Die Angaben in diesem Abschnitt stimmen sachlich überein mit den entsprechenden Angaben im ALGOL-Manual der ALCOR-Gruppe, Teil 3, siehe Elektronische Rechenanlagen 4 (1962) S. 71—85, insbesondere S. 81—82.

[4]) siehe Vollzugsordnung für den Telegraphendienst (VTO), Kapitel IV, Artikel 16, Genf 1958.

[5]) Die Zuordnung stimmt z. B. mit der Zeichenbelegung, Ausführung H, der IBM (Internationale Büro-Maschinen GmbH, Sindelfingen/Württ.) und mit dem „Standard-Code für 80spaltige Lochkarten" von Remington Rand UNIVAG (Abteilung der Remington Rand GmbH, Frankfurt am Main) überein.

[6]) Die Ausführung H der IBM und der Standard-Code für 80spaltige Lochkarten von UNIVAC sehen hier das Zeichen $ (Dollar) vor.

Fortsetzung Seite 2 bis 4

Fachnormenausschuß Informationsverarbeitung (FNI) im Deutschen Normenausschuß (DNA)

Seite 2   DIN 66 006

Die in der Darstellung auf 5-Spur-Lochstreifen (siehe Tabelle 1), jedoch nicht nach Tabelle 2 verfügbaren Zeichen für ALGOL

[   ]   10   :   ;

werden auf Lochkarten wie folgt umschrieben:

Schriftzeichen für ALGOL	Lochkartenzeichen
[	(/
]	/)
10 (Basiszehn)	' (Apostroph)
:	. .
;	. ,

Das Ergibtsymbol := wird auf Lochkarten durch

.=

dargestellt.

3.2. Die Darstellung von ALGOL-Symbolen mit Hilfe des nach Tabelle 2 verfügbaren Zeichenvorrats ist in Tabelle 3 wiedergegeben. Darin nicht enthalten sind die (im ALGOL-Report[1]) fett gedruckten) Wortsymbole. Die Wortsymbole, wie go to, werden auf Lochkarten ebenso wie auf Lochstreifen dargestellt, siehe Abschnitt 2.2.

Anmerkung: Es ist vorgesehen, den Zeichenvorrat bei 80spaltigen Lochkarten zu vergrößern und dadurch die Darstellung einiger ALGOL-Symbole (siehe Tabelle 3) zu vereinfachen, sobald die technischen Möglichkeiten dies erlauben.

3.3. Bei 80spaltigen Lochkarten werden nur die Spalten 1 bis 72 der Lochkarten für den ALGOL-Programmtext benutzt. Die Spalten 73 bis 80 sind für das ALGOL-Übersetzungsprogramm bedeutungslos.

Tabelle 1. Darstellung von Zeichen für ALGOL auf 5-Spur-Lochstreifen

Nr	Spur 1	2	Taktloch	3	4	5	Bezeichnung durch Spur-Nr	Zeichen für ALGOL auf der Buchstabenseite	auf der Ziffernseite
1	O	O	·				1 — 2	A	—
2	O		·		O	O	1 — 4 — 5	B	× (Multiplikationszeichen)
3		O	·	O	O		2 — 3 — 4	C	:
4	O		·		O		1 — 4	D	(unzulässig, ✳)
5	O		·				1	E	3
6	O		·	O	O		1 — 3 — 4	F	[
7		O	·		O	O	2 — 4 — 5	G	]
8			·	O		O	3 — 5	H	10 (Basiszehn)
9		O	·	O			2 — 3	I	8
10	O	O	·		O		1 — 2 — 4	J	;
11	O	O	·	O	O		1 — 2 — 3 — 4	K	(
12		O	·			O	2 — 5	L	)
13			·	O	O	O	3 — 4 — 5	M	. (Punkt)
14			·	O	O		3 — 4	N	, (Komma)
15			·		O	O	4 — 5	O	9
16		O	·	O		O	2 — 3 — 5	P	0 (Null)
17	O	O	·	O		O	1 — 2 — 3 — 5	Q	1
18		O	·		O		2 — 4	R	4
19	O		·	O			1 — 3	S	' (Apostroph)
20			·			O	5	T	5
21	O	O	·	O			1 — 2 — 3	U	7
22		O	·	O	O	O	2 — 3 — 4 — 5	V	=
23	O	O	·			O	1 — 2 — 5	W	2
24	O		·	O	O	O	1 — 3 — 4 — 5	X	/
25	O		·	O		O	1 — 3 — 5	Y	6
26	O		·			O	1 — 5	Z	+
27			·		O		4	(Wagenrücklauf)	
28		O	·				2	(Zeilenvorschub)	
29	O	O	·	O	O	O	1 — 2 — 3 — 4 — 5	(Buchstabenumschaltung)	
30	O	O	·		O	O	1 — 2 — 4 — 5	(Zifferumschaltung)	
31			·	O			3	(Zwischenraum)	
32			·					(unzulässig)	(unzulässig)

Tabelle 2. Darstellung von Zeichen für ALGOL auf 80spaltigen Lochkarten

Nr	Lochkombination Zeile													Bezeichnung durch Zeilen-Nr	Zeichen für
	12	11	0	1	2	3	4	5	6	7	8	9			
1	□			□										12 − 1	A
2	□				□									12 − 2	B
3	□					□								12 − 3	C
4	□						□							12 − 4	D
5	□							□						12 − 5	E
6	□								□					12 − 6	F
7	□									□				12 − 7	G
8	□										□			12 − 8	H
9	□											□		12 − 9	I
10		□		□										11 − 1	J
11		□			□									11 − 2	K
12		□				□								11 − 3	L
13		□					□							11 − 4	M
14		□						□						11 − 5	N
15		□							□					11 − 6	O
16		□								□				11 − 7	P
17		□									□			11 − 8	Q
18		□										□		11 − 9	R
19			□		□									0 − 2	S
20			□			□								0 − 3	T
21			□				□							0 − 4	U
22			□					□						0 − 5	V
23			□						□					0 − 6	W
24			□							□				0 − 7	X
25			□								□			0 − 8	Y
26			□									□		0 − 9	Z
27				□										1	1
28					□									2	2
29						□								3	3
30							□							4	4
31								□						5	5
32									□					6	6
33										□				7	7
34											□			8	8
35												□		9	9
36			□											0	0 (Null)
37	□													12	+
38		□												11	−
39			□	□										0 − 1	/
40	□					□					□			12 − 3 − 8	. (Punkt)
41			□			□					□			0 − 3 − 8	, (Komm
42						□					□			3 − 8	=
43	□						□				□			12 − 4 − 8	)
44		□					□				□			11 − 4 − 8	*
45			□				□				□			0 − 4 − 8	/

Tabelle 3.   Darstellung von ALGOL-Symbolen auf 5-Spur-Lochstreifen und 80spaltigen Lochkarten

ALGOL-Symbol	Lochstreifendarstellung	Lochkartendarstellu
+	+	+
−	−	−
× (Multiplikationszeichen)	× (Multiplikationszeichen)	*
/	/	/
÷	'/'	'/'
↑	'POWER'	'POWER'
<	'LESS'	'LESS'
≦	'NOT GREATER'	'NOT GREATER'
=	'EQUAL'	'EQUAL'
≧	'NOT LESS'	'NOT LESS'
>	'GREATER'	'GREATER'
≠	'NOT EQUAL'	'NOT EQUAL'
≡	'EQUIV'	'EQUIV'
⊃	'IMPL'	'IMPL'
∨	'OR'	'OR'
∧	'AND'	'AND'
¬	'NOT'	'NOT'
, (Komma)	, (Komma)	, (Komma)
. (Punkt)	. (Punkt)	. (Punkt)
$_{10}$ (Basiszehn)	$_{10}$ (Basiszehn)	' (Apostroph)
:	:	..
;	;	.,
:=	:=	.=
(	(	(
)	)	)
[	[	(/
]	]	/)
` } (Zeichenreihen- , } Klammern)	'('	'('
	')'	')'
⌴	(Zwischenraum)	(Zwischenraum)

```
ANHANG_A2                                              KONTEXTFREIE_SEMI-THUE-PRODUKTION

              Produktionen und Numerierung von P.NAUR (Herausgeber). Notation von J.W.BACKUS. Sche

4.1.1  <PROGRAM>::=<BLOCK>|<COMPOUND STATEMENT>

          <BLOCK>::=<UNLABELLED BLOCK>|<LABEL 3.5.1>:<BLOCK>
            <UNLABELLED BLOCK>::=<BLOCK HEAD>;<COMPOUND TAIL 4.1.1>
              <BLOCK HEAD>::='BEGIN'<DECLARATION>|<BLOCK HEAD>;<DECLARATION>
5                <DECLARATION>::=<TYPE DECLARATION>|<ARRAY DECLARATION>|<SWITCH DECLARATION>|<PROCEDURE DECL
5.1.1              <TYPE DECLARATION>::=<LOCAL OR OWN TYPE><TYPE LIST>
                     <LOCAL OR OWN TYPE>::=<TYPE>|'OWN'<TYPE>
                       <TYPE>::='REAL'|'INTEGER'|'BOOLEAN'
                       <TYPE LIST>::=<SIMPLE VARIABLE 3.1.1>|<SIMPLE VARIABLE>,<TYPE LIST>
5.2.1              <ARRAY DECLARATION>::='ARRAY'<ARRAY LIST>|<LOCAL OR OWN TYPE>'ARRAY'<ARRAY LIST>
                     <ARRAY LIST>::=<ARRAY SEGMENT>|<ARRAY LIST>,<ARRAY SEGMENT>
                       <ARRAY SEGMENT>::=<ARRAY IDENTIFIER 3.1.1>[<BOUND PAIR LIST>]|<ARRAY IDENTIFIER>,<
                         <BOUND PAIR LIST>::=<BOUND PAIR>|<BOUND PAIR LIST>,<BOUND PAIR>
                           <BOUND PAIR>::=<LOWER BOUND>:<UPPER BOUND>
                             <LOWER BOUND>::=<ARITHMETIC EXPRESSION 3.3.1>
                             <UPPER BOUND>::=<ARITHMETIC EXPRESSION 3.3.1>
5.3.1              <SWITCH DECLARATION>::='SWITCH'<SWITCH IDENTIFIER 3.5.1>:=<SWITCH LIST>
                     <SWITCH LIST>::=<DESIGNATIONAL EXPRESSION 3.5.1>|<SWITCH LIST>,<DESIGNATIONAL EXPRESS
5.4.1            <PROCEDURE DECLARATION>::='PROCEDURE'<PROCEDURE HEADING><PROCEDURE BODY>|<TYPE 5.1.1>'PR
                   <PROCEDURE HEADING>::=<PROCEDURE IDENTIFIER 3.2.1><FORMAL PARAMETER PART>;<VALUE PART
                     <FORMAL PARAMETER PART>::=<EMPTY 1.1>|(<FORMAL PARAMETER LIST>)
                       <FORMAL PARAMETER LIST>::=<FORMAL PARAMETER>|<FORMAL PARAMETER LIST><PARAMETER
                         <FORMAL PARAMETER>::=<IDENTIFIER 2.4.1>
                       <VALUE PART>::='VALUE'<IDENTIFIER LIST>;|<EMPTY 1.1>
                         <IDENTIFIER LIST>::=<IDENTIFIER 2.4.1>|<IDENTIFIER LIST>,<IDENTIFIER>
                        <SPECIFICATION PART>::=<EMPTY 1.1>|<SPECIFIER><IDENTIFIER LIST>;|<SPECIFICATION PA
                          <SPECIFIER>::='STRING'|<TYPE 5.1.1>|'ARRAY'|<TYPE>'ARRAY'|'LABEL'|'SWITCH'|'PRO
                   <PROCEDURE BODY>::=<STATEMENT 4.1.1>|<CODE 5.4.6 (SEMANTICS)>

4.1.1    <COMPOUND STATEMENT>::=<UNLABELLED COMPOUND>|<LABEL 3.5.1>:<COMPOUND STATEMENT>
            <UNLABELLED COMPOUND>::='BEGIN'<COMPOUND TAIL>
              <COMPOUND TAIL>::=<STATEMENT>'END'|<STATEMENT>;<COMPOUND TAIL>
                <STATEMENT>::=<UNCONDITIONAL STATEMENT>|<CONDITIONAL STATEMENT>|<FOR STATEMENT>

                  <UNCONDITIONAL STATEMENT>::=<BASIC STATEMENT>|<COMPOUND STATEMENT>|<BLOCK>
                    <BASIC STATEMENT>::=<UNLABELLED BASIC STATEMENT>|<LABEL 3.5.1>:<BASIC STATEMENT>
                     <UNLABELLED BASIC STATEMENT>::=<ASSIGNMENT STATEMENT>|<GOTO STATEMENT>|<DUMMY STAT

4.2.1                  <ASSIGNMENT STATEMENT>::=<LEFT PART LIST><ARITHMETIC EXPRESSION>|<LEFT PART LIS
                         <LEFT PART LIST>::=<LEFT PART>|<LEFT PART LIST><LEFT PART>
                           <LEFT PART>::=<VARIABLE 3.1.1>:=|<PROCEDURE IDENTIFIER 3.2.1>:=
                         +--------------------------------------------------------------------------
3.3.1                    |<ARITHMETIC EXPRESSION>::=<SIMPLE ARITHMETIC EXPRESSION>|<IF CLAUSE 4.5.1><S
                         |  <SIMPLE ARITHMETIC EXPRESSION>::=<TERM>|<ADDING OPERATOR><TERM>|<SIMPLE A
                         |    <TERM>::=<FACTOR>|<TERM><MULTIPLYNG OPERATOR><FACTOR>
                         |      <FACTOR>::=<PRIMARY>|<FACTOR>↑<PRIMARY>
                         |        <PRIMARY>::=<UNSIGNED NUMBER>|<VARIABLE>|<FUNCTION DESIGNATOR>|(
2.5.1                    |          <UNSIGNED NUMBER>::=<DECIMAL NUMBER>|<EXPONENT PART>|<DECIMAL
                         |            <DECIMAL NUMBER>::=<UNSIGNED INTEGER>|<DECIMAL FRACTION>|<
                         |              <UNSIGNED INTEGER>::=<DIGIT>|<UNSIGNED INTEGER><DIGIT>
2.2.1                    |                <DIGIT>::=0|1|2|3|4|5|6|7|8|9
2.5.1                    |              <DECIMAL FRACTION>::=.<UNSIGNED INTEGER>
                         |              <EXPONENT PART>::=10<INTEGER>
                         |                <INTEGER>::=<UNSIGNED INTEGER>|+<UNSIGNED INTEGER>|-<UN
3.1.1                    |          <VARIABLE>::=<SIMPLE VARIABLE>|<SUBSCRIPTED VARIABLE>
                         |            <SIMPLE VARIABLE>::=<VARIABLE IDENTIFIER>
                         |              <VARIABLE IDENTIFIER>::=<IDENTIFIER>
2.4.1                    |                <IDENTIFIER>::=<LETTER>|<IDENTIFIER><LETTER>|<IDENTI
2.1                      |                 <LETTER>::=A|B|C|D|E|F|G|H|I|J|K|L|M|N|O|P|Q|R|S|
3.1.1                    |            <SUBSCRIPTED VARIABLE>::=<ARRAY IDENTIFIER>[<SUBSCRIPT LIS
                         |              <ARRAY IDENTIFIER>::=<IDENTIFIER 2.4.1>
                         |                <SUBSCRIPT LIST>::=<SUBSCRIPT EXPRESSION>|<SUBSCRIPT LI
                         |                  <SUBSCRIPT EXPRESSION>::=<ARITHMETIC EXPRESSION>
3.2.1                    |          <FUNCTION DESIGNATOR>::=<PROCEDURE IDENTIFIER 3.2.1><ACTUAL P
3.3.1                    |      <MULTIPLIYING OPERATOR>::=×|/|÷
                         |    <ADDING OPERATOR>::=+|-
                         +--------------------------------------------------------------------------
```

E͟N F͟Ü͟R A͟L͟G͟O͟L 6͟0
ma von H.FELDMANN nach F.R.GUENTSCH. Deutsche Übersetzung von H.FELDMANN nach R.BAUMANN und G.ZIELKE

		<PROGRAMM>
	B	<BLOCK>
		<UNMARKIERTER BLOCK>
		<BLOCKKOPF>
ARATION>	D	<VEREINBARUNG>
		<TYPVEREINBARUNG>
		<LOKALER ODER OWN-TYP>
		<TYP>
		<TYPENLISTE>
		<FELDVEREINBARUNG>
		<FELDLISTE>
ARRAY SEGMENT>	I	<FELDLISTENSEGMENT>
		<INDEXGRENZENLISTE>
		<INDEXGRENZENPAAR>
		<UNTERE INDEXGRENZE>
		<OBERE INDEXGRENZE>
		<VERTEILERVERINBARUNG>
		<VERTEILERLISTE>
ION>		<PROZEDURVEREINBARUNG>
OCEDURE'<PROCEDURE HEADING><PROCEDURE BODY>		<PROZEDURKOPF>
><SPECIFICATION PART>		<FORMALPARAMETERTEIL>
		<FORMALPARAMETERLISTE>
DELIMITER 3.2.1><FORMAL PARAMETER>	P	<FORMALER PARAMETER>
		<WERTAUFRUFTEIL>
		<BEZEICHNUNGENLISTE>
RT><SPECIFIER><IDENTIFIER LIST>;	C	<SPEZIFIKATION>
CEDURE '|<TYPE>'PROCEDURE'		<SPEZIFIKATIONSZEICHEN>
		<PROZEDURRUMPF>
		<ZUSAMMENGESETZTE ANWEISUNG>
		<UNMARKIERTE ZUSAMMENGESETZTE ANWEISUNG>
		<REST EINER ZUSAMMENGESETZTEN ANWEISUNG>
	S	<ANWEISUNG>
		<UNBEDINGTE ANWEISUNG>
	G	<GRUNDANWEISUNG>
EMENT>|<PROCEDURE STATEMENT>		<UNMARKIERTE GRUNDANWEISUNG>
T><BOOLEAN EXPRESSION 3.4.1>		<ERGIBTANWEISUNG>
		<LINKSTEILLISTE>
		<LINKSTEIL>
IMPLE ARITHMETIC EXPRESSION>'ELSE'<ARITHMETIC EXPRESSION>|	A	<ARITHMETISCHER AUSDRUCK>
RITHMETIC EXPRESSION><ADDING OPERATOR><TERM>	a	<EINFACHER ARITHMETISCHER AUSDRUCK>
		<TERM>
		<FAKTOR>
<ARITHMETIC EXPRESSION>)		<ELEMENTARAUSDRUCK>
NUMBER><EXPONENT PART>	X	<VORZEICHENLOSE ZAHL>
UNSIGNED INTEGER><DECIMAL FRACTION>		<DEZIMALZAHL>
		<VORZEICHENLOSE GANZE ZAHL>
	Y	<ZIFFER>
		<DEZIMALBRUCH>
		<EXPONENTENTEIL>
SIGNED INTEGER>		<GANZE ZAHL>
	V	<VARIABLE>
	v	<EINFACHE VARIABLE>
		<VARIABLENNAME>
FIER><DIGIT 2.2.1>	N	<BEZEICHNUNG>
T|U|V|W|X|Y|Z	K	<BUCHSTABE>
T>]		<INDIZIERTE VARIABLE>
	N_F	<FELDNAME>
ST>,<SUBSCRIPT EXPRESSION>		<INDEXLISTE>
		<INDEXAUSDRUCK>
ARAMETER PART 4.7.1>	T	<FUNKTIONSPROZEDURAUFRUF>
		<MULTIPLIKATIONSOPERATOR>
		<ADDITIONSOPERATOR>

A2 Produktionen für ALGOL

```
4.3.1        <GOTO STATEMENT>::='GOTO'<DESIGNATIONAL EXPRESSION>
             ,------------------------------------------------------------------
3.5.1        |<DESIGNATIONAL EXPRESSION>::=<SIMPLE DESIGNATIONAL EXPRESSION>|<IF CLAUSE 4.
             |  <SIMPLE DESIGNATIONAL EXPRESSION>::=<LABEL>|<SWITCH DESIGNATOR>| <DESIGNA
             |    <LABEL>::=<IDENTIFIER 2.4.1>|<UNSIGNED INTEGER 2.5.1>
             |      <SWITCH DESIGNATOR>::=<SWITCH IDENTIFIER>[<SUBSCRIPT EXPRESSION 3.1.1>
             |        <SWITCH IDENTIFIER>::=<IDENTIFIER 2.4.1>
             L------------------------------------------------------------------

4.4.1        <DUMMY STATEMENT>::=<EMPTY>
1.1            <EMPTY>::=

4.7.1        <PROCEDURE STATEMENT>::=<PROCEDURE IDENTIFIER><ACTUAL PARAMETER PART>
3.2.1          <PROCEDURE IDENTIFIER>::=<IDENTIFIER 2.4.1>
4.7.1          <ACTUAL PARAMETER PART>::=<EMPTY 1.1>|(<ACTUAL PARAMETER LIST>)
                 <ACTUAL PARAMETER LIST>::=<ACTUAL PARAMETER>|<ACTUAL PARAMETER LIST><PARAM
                   <ACTUAL PARAMETER>::=<STRING>|<EXPRESSION>|<ARRAY IDENTIFIER 3.1.1>|<SW
2.6.1                <STRING>::='<OPEN STRING>'
                       <OPEN STRING>::=<PROPER STRING>|'<OPEN STRING>'|<OPEN STRING><OPE
                         <PROPER STRING>::=<BASIC SYMBOL EXCEPT'AND'>|<PROPER STRING><B
                           <BASIC SYMBOL EXCEPT'AND'>::=<LETTER 2.1>|<DIGIT 2.2.1>|<LO
                                                  <MULTIPLYING OPERATOR 3.3.1>|↑
                                                  ∧|¬|'GO TO'|'IF'|'THEN'|'ELSE'
                                                  'WHILE'|(|)|[|]|'BEGIN'|'END'|
                                                  'SWITCH'|'PROCEDURE'|'STRING'|
3              <EXPRESSION>::=<ARITHMETIC EXPRESSION 3.3.1>|<BOOLEAN EXPRESSION 3.4
3.2.1          <PARAMETER DELIMITER>::=,|)<LETTER STRING>:(
                 <LETTER STRING>::=<LETTER 2.1>|<LETTER STRING><LETTER>

4.5.1        <CONDITIONAL STATEMENT>::=<IF STATEMENT>|<IF STATEMENT>'ELSE'<STATEMENT>|<IF CLAUSE><FOR
               <IF STATEMENT>::=<IF CLAUSE><UNCONDITIONAL STATEMENT 4.1.1>
                 <IF CLAUSE>::='IF'<BOOLEAN EXPRESSION>'THEN'
             ,------------------------------------------------------------------
3.4.1        |<BOOLEAN EXPRESSION>::=<SIMPLE BOOLEAN>|<IF CLAUSE><SIMPLE BOOLEAN>'ELSE'<BOOLEA
             |  <SIMPLE BOOLEAN>::=<IMPLICATION>|<SIMPLE BOOLEAN>≡<IMPLICATION>
             |    <IMPLICATION>::=<BOOLEAN TERM>|<IMPLICATION>⊃<BOOLEAN TERM>
             |      <BOOLEAN TERM>::=<BOOLEAN FACTOR>|<BOOLEAN TERM>∨<BOOLEAN FACTOR>
             |        <BOOLEAN FACTOR>::=<BOOLEAN SECONDARY>|<BOOLEAN FACTOR>∧<BOOLEAN SEC
             |          <BOOLEAN SECONDARY>::=<BOOLEAN PRIMARY>|¬<BOOLEAN PRIMARY>
2.2.2        |            <BOOLEAN PRIMARY>::=<LOGICAL VALUE>|<VARIABLE 3.1.1>|<FUNCTION
3.4.1        |            <LOGICAL VALUE>::='TRUE'|'FALSE'
             |              <RELATION>::=<SIMPLE ARITHMETIC EXPRESSION 3.3.1><RELATIONA
             |                <RELATIONAL OPERATOR>::=<|≤|=|≥|>|≠
             L------------------------------------------------------------------

4.6.1        <FOR STATEMENT>::=<FOR CLAUSE><STATEMENT 4.1.1>|<LABEL 3.5.1>:<FOR STATEMENT>
               <FOR CLAUSE>::='FOR'<VARIABLE 3.1.1>:=<FOR LIST>'DO'
                 <FOR LIST>::=<FOR LIST ELEMENT>|<FOR LIST>,<FOR LIST ELEMENT>
                   <FOR LIST ELEMENT>::=<ARITHMETIC EXPRESSION 3.3.1>|<ARITHMETIC EXPRESSION>'STEP'
```

```
---------------  ---------------------------------------
5.1><SIMPLE DESIGNATIONAL EXPRESSION>'ELSE'<DESIGNATIONAL |   Z
TIONAL EXPRESSION>                              EXPRESSION>|   z
                                                           |   M
]                                                          |   H
                                                           |   Nᵥ
----------------------------------------------------------
```

```
ETER DELIMITER><ACTUAL PARAMETER>
ITCH IDENTIFIER 3.5.1>|<PROCEDURE IDENTIFIER>                 Q

N STRING>                                                    W
ASIC SYMBOL EXCEPT'AND'|<EMPTY>
GICAL VALUE 2.2.2>|<ADDING OPERATOR 3.3.1>|                   w
|<RELATIONAL OPERATOR 3.4.1>|≡|⊃|∨|
|'FOR'|'DO'|,|.|₁₀|:|;|:=|'STEP'|'UNTIL'|
'OWN'|'BOOLEAN'|'INTEGER'|'REAL'|'ARRAY'|
'LABEL'|'VALUE'
.1>|<DESIGNATIONAL EXPRESSION 3.5.1>
                                                             V
```

```
S TATEMENT>|<LABEL 3.5.1>:<CONDITIONAL STATEMENT>
```

```
--------------------------------------------------
N EXPRESSION>                                    |   L
                                                 |   ℓ
                                                 |
O NDARY                                          |
                                                 |
  DESIGNATOR 3.2.1>|<RELATION>|(<BOOLEAN EXPRESSION>)|
                                                 |   U
L OPERATOR><SIMPLE ARITHMETIC EXPRESSION>        |
                                                 |   o
--------------------------------------------------
```

```
                                                             F

<ARITHMETIC EXPRESSION>'UNTIL'<ARITHMETIC EXPRESSION>|       J
<ARITHMETIC EXPRESSION>'WHILE'<BOOLEAN EXPRESSION 3.4.1>
```

<SPRUNGANWEISUNG>

<ZIELAUSDRUCK>
<EINFACHER ZIELAUSDRUCK>
<MARKE>
<VERTEILERAUFRUF>
<VERTEILERNAME>

<LEERE ANWEISUNG>
<LEERE ZEICHENKETTE>

<PROZEDURANWEISUNG>
<PROZEDURNAME>
<AKTUALPARAMETERTEIL>
<AKTUALPARAMETERLISTE>
<AKTUELLER PARAMETER>
<GEKLAMMERTE ZEICHENKETTE>
<KLAMMERSTRUKTURIERTE ZEICHENKETTE>
<KLAMMERFREIE ZEICHENKETTE>
<ENDZEICHEN AUSGENOMMEN ' UND '>

<AUSDRUCK>
<PARAMETERTRENNUNG>
<BUCHSTABENKETTE>

<BEDINGTE ANWEISUNG>
<EINSEITIGE BEDINGTE ANWEISUNG>
<BEDINGUNGSKLAUSEL>

<LOGISCHER AUSDRUCK>
<EINFACHER LOGISCHER AUSDRUCK>
<IMPLIKATION>
<LOGISCHER TERM>
<LOGISCHER FAKTOR>
<LOGISCHER ELEMENTARAUSDRUCK 2.ART>
<LOGISCHER ELEMENTARAUSDRUCK 1.ART>
<LOGISCHER WERT>
<VERGLEICH>
<VERGLEICHSOPERATOR>

<LAUFANWEISUNG>
<LAUFKLAUSEL>
<LAUFLISTE>
<LAUFLISTENELEMENT>

Produktionen und Numerierung von D.E.KNUTH (Herausgeber). Notation von J.W.BACKUS. Schema und deut

```
A.3.1        &lt;FORMAT STRING&gt;::='&lt;FORMAT SECONDARY&gt;'|''
             &lt;FORMAT SECONDARY&gt;::=&lt;FORMAT PRIMARY&gt;|&lt;FORMAT SECONDARY&gt;,&lt;FORMAT PRIMARY&gt;
             &lt;FORMAT PRIMARY&gt;::=&lt;FORMAT ITEM&gt;|&lt;REPLICATOR&gt;(&lt;FORMAT SECONDARY&gt;)|(&lt;FORMAT SECONDARY&gt;)
A.2.1        &lt;FORMAT ITEM&gt;::=&lt;FORMAT ITEM 1&gt;|&lt;ALIGNMENT MARK&gt;|&lt;FORMAT ITEM&gt;&lt;ALIGNMENT MARK&gt;
             &lt;FORMAT ITEM 1&gt;::=&lt;NUMBER FORMAT&gt;|&lt;BOOLEAN FORMAT&gt;|&lt;ALPHA FORMAT&gt;|&lt;STRING FORMAT&gt;|&lt;TITLE FO
A.1.1        &lt;NUMBER FORMAT&gt;::=&lt;SIGN PART&gt;&lt;DECIMAL NUMBER FORMAT&gt;|&lt;DECIMAL NUMBER FORMAT&gt;+&lt;INSERTION
             &lt;SIGN PART&gt;::=&lt;EMPTY&gt;|&lt;INSERTION SEQUENCE&gt;+|&lt;INSERTION SEQUENCE&gt;-                    &lt;
             &lt;DECIMAL NUMBER FORMAT&gt;::=&lt;UNSIGNED INTEGER FORMAT&gt;&lt;T PART&gt;|&lt;INSERTION SEQUENCE&gt;&lt;DECI
             &lt;UNSIGNED INTEGER FORMAT&gt;::=&lt;INSERTION SEQUENCE&gt;&lt;INTEGER PART&gt;
             &lt;INTEGER PART&gt;::=&lt;Z PART&gt;|&lt;D PART&gt;|&lt;Z PART&gt;&lt;D PART&gt;
             &lt;Z PART&gt;::=&lt;Z&gt;|&lt;Z PART&gt;&lt;Z&gt;|&lt;Z PART&gt;&lt;INSERTION&gt;
             &lt;Z&gt;::=Z|&lt;REPLICATOR&gt;Z|Z&lt;INSERTION SEQUENCE&gt;C|&lt;REPLICATOR&gt;Z&lt;INSERTION SEQU
             &lt;D PART&gt;::=&lt;D&gt;|&lt;D PART&gt;&lt;D&gt;|&lt;D PART&gt;&lt;INSERTION&gt;
             &lt;D&gt;::=D|&lt;REPLICATOR&gt;D|D&lt;INSERTION SEQUENCE&gt;C|&lt;REPLICATOR&gt;D&lt;INSERTION SEQU
             &lt;DECIMAL FRACTION FORMAT&gt;::=.&lt;INSERTION SEQUENCE&gt;&lt;D PART&gt;&lt;T PART&gt;|V&lt;INSERTION SEQU
             &lt;T PART&gt;::=&lt;EMPTY&gt;|T&lt;INSERTION SEQUENCE&gt;
             &lt;INSERTION SEQUENCE&gt;::=&lt;EMPTY&gt;|&lt;INSERTION SEQUENCE&gt;&lt;INSERTION&gt;
             &lt;INSERTION&gt;::=B|&lt;REPLICATOR&gt;B|&lt;STRING&gt;
             &lt;REPLICATOR&gt;::=&lt;UNSIGNED INTEGER&gt;|X
             &lt;EXPONENT PART FORMAT&gt;::=10&lt;SIGN PART&gt;&lt;UNSIGNED INTEGER FORMAT&gt;
A.2.1        &lt;BOOLEAN FORMAT&gt;::=&lt;INSERTION SEQUENCE&gt;&lt;BOOLEAN PART&gt;&lt;INSERTION SEQUENCE&gt;
             &lt;BOOLEAN PART&gt;::=P|5F|FFFFF|F
             &lt;ALPHA FORMAT&gt;::=&lt;INSERTION SEQUENCE&gt;&lt;A&gt;|&lt;ALPHA FORMAT&gt;&lt;A&gt;|&lt;ALPHA FORMAT&gt;&lt;INSERTION&gt;
             &lt;A&gt;::=A|&lt;REPLICATOR&gt;A
             &lt;STRING FORMAT&gt;::=&lt;INSERTION SEQUENCE&gt;&lt;S&gt;|&lt;STRING FORMAT&gt;&lt;S&gt;|&lt;STRING FORMAT&gt;&lt;INSERTION&gt;
             &lt;S&gt;::=S|&lt;REPLICATOR&gt;S
             &lt;TITLE FORMAT&gt;::=&lt;INSERTION&gt;|&lt;TITLE FORMAT&gt;&lt;INSERTION&gt;
             &lt;NONFORMAT&gt;::=I|R|L
             &lt;ALIGNMENT MARK&gt;::=/|†|&lt;REPLICATOR&gt;/|&lt;REPLICATOR&gt;†
```

SUMMARY OF FORMAT CODES

```
A.4.         A    ALPHABETIC CHARACTER REPRESENTED AS INTEGER
             B    BLANK SPACE
             C    COMMA
             D    DIGIT
             F    BOOLEAN 'TRUE' OR 'FALSE'
             I    INTEGER UNTRANSLATED
             L    BOOLEAN UNTRANSLATED
             P    BOOLEAN BIT
             R    REAL UNTRANSLATED
             S    STRING CHARACTER
             T    TRUNCATION
             V    IMPLIED DECIMAL POINT
             X    ARBITRARY REPLICATOR
             Z    ZERO SUPPRESSION
             +    PRINT THE SIGN
             -    PRINT THE SIGN IF IT IS MINUS
             10   EXPONENT PART INDICATOR
             ( )  DELIMITERS OF REPLICATED FORMAT SECONDARIES
             ,    SEPARATES FORMAT ITEMS
             /    LINE ALIGNMENT
             †    PAGE ALIGNMENT
             ' '  DELIMITERS OF INSERTED STRING
             .    DECIMAL POINT
```

-OUTPUT_

sche Übersetzung von H.FELDMANN

```
                                        <GEKLAMMERTE FORMATELEMENTLISTE>
                                        <FORMATELEMENTLISTE>
                                    E   <FORMATELEMENT>
                                        <UNGEKLAMMERTES FORMATELEMENT>
RMAT>|<NONFORMAT>|<ALIGNMENT MARK><FORMAT ITEM |>   <EINFACHES FORMATELEMENT>
SEQUENCE>|<DECIMAL NUMBER FORMAT>-<INSERTION SEQUENCE>|  <ZAHLENFORMAT>
SIGN PART><DECIMAL NUMBER FORMAT><EXPONENT PART FORMAT>  <VORZEICHENTEIL>
MAL FRACTION FORMAT>|<UNSIGNED INTEGER FORMAT><DECIMAL   <DEZIMALZAHLFORMAT>
                             FRACTION FORMAT>   <FORMAT VORZEICHENLOSER GANZER ZAHLEN>
                                        <GANZE ZAHLEN TEIL>
                                        <Z-TEIL>
ENCE>C                                  <Z>
                                        <D-TEIL>
ENCE>C                                  <D>
ENCE><D PART><T PART>                   <DEZIMALBRUCH FORMAT>
                                        <T-TEIL>
                                        <EINSCHUBKETTE>
                                        <EINSCHUB>
                                    R   <WIEDERHOLUNG>
                                        <EXPONENTENTEILFORMAT>
                                        <LOGISCHES FORMAT>
                                        <LOGISCHER TEIL>
                                        <INTEGER-ZEICHENKETTENFORMAT>
                                        <A>
                                        <ZEICHENKETTENFORMAT>
                                        <S>
                                        <PARAMETERLOSES ZEICHENKETTENFORMAT>
                                        <MASCHINENFORMAT>
                                    Δ   <VORSCHUB>

                                        BEDEUTUNG DER FORMAT-ZEICHEN

                                    A   1 ZEICHEN ABGEBILDET AUF 1/N 'INTEGER'-VARIABLE
                                    B   LEERZEICHEN
                                    C   KOMMA
                                    D   ZIFFER
                                    F   LOGISCHER WERT T BZW.F
                                    I   'INTEGER'-VARIABLE IN MASCHINENCODE-DARSTELLUNG
                                    L   'BOOLEAN'-VARIABLE IN MASCHINENCODE-DARSTELLUNG
                                    P   LOGISCHER WERT 1 BZW.0
                                    R   'REAL'-VARIABLE IN MASCHINENCODE-DARSTELLUNG
                                    S   ENDZEICHEN
                                    T   ABSCHNEIDEN STATT RUNDEN
                                    V   IMPLIZITER DEZIMALPUNKT
                                    X   NAME EINER WIEDERHOLUNGS-GRÖSSE
                                    Z   NULLUNTERDRÜCKUNG DURCH LEERZEICHEN
                                    +   VORZEICHEN IN JEDEM FALL
                                    -   VORZEICHEN NUR IM NEGATIV-FALL
                                   10   EXPONENT-ZEHN
                                   ( )  KLAMMERN FÜR WIEDERHOLUNG
                                    ,   FORMATELEMENTTRENNUNG
                                    /   ZEILENVORSCHUB
                                    ↑   SEITENVORSCHUB
                                   ' '  ZEICHENKETTENKLAMMERN
                                    .   (EXPLIZITER) DEZIMALPUNKT
```

Literaturverzeichnis

Im Literaturverzeichnis sind am rechten Rand 7 Buchstaben-
Stellen zur Inhaltskennzeichnung eingerichtet.

1te Stelle:　　　　R=Rechenanlagen, I=Informatik,

2te-4te Stelle: A=ALGOL 60, W=ALGOL 68, F=FORTRAN,
C=Maschinencode, M=Metasprache, U=Übersetzer,

5te Stelle:　　　　S=Syntax,

6te Stelle:　　　　E=Ein/Ausgabeprozeduren INPUT/OUTPUT (Knuth),

7te Stelle:　　　　B=umfangreiche Beispielsammlung.

AEG-TELEFUNKEN: TR440 ALGOL 60. Anhang: Schemata für　.A.USE.
ALGOL 60-Syntax und Knuth-Formatstring-
Syntax sowie Zeichencodes. 775 Konstanz,
Bücklestr.1-5 / 1970, Bestellnummer D1.04,
ca.150S.

ANDERSEN, C.: ALGOL 60 - eine Sprache für Rechenauto- .A..S.B
maten. Anhang: Farbtafel der Syntax für
ALGOL. Braunschweig: Vieweg, Band 47,
2.Aufl.1968, 96 S.

BACHMANN, K.-H.: ALGOL-Programmierung.　　　　　　　.A.....
Berlin: Deutscher Verlag der Wissenschaf-
ten 1967, ca.120 S.

BACKUS, J.W.: The Syntax and Semantics of the Pro-　　.A.MS..
posed International Language of the Zürich
ACM - GAMM Conference in Information Processing 1959. München: Oldenbourg 1960,
S.125-132

BAUER, F.L., GOOS, G.: Informatik. Eine einführende　　IWA.S..
Übersicht. Berlin, Heidelberg, New York:
Springer 1971, 213 S.1.Teil, 200 S.2.Teil

BAUER, F.L., HEINHOLD, J., SAMELSON, K., SAUER, R.:　　IA.....
Moderne Rechenanlagen. Stuttgart: Teubner
1965, 357 S.

BAUMANN, R.: ALCOR-Manual der ALCOR-Gruppe. Elektro-　.A.....
nische Rechenanlagen 3 (1961) H.5,S.206-216,
H.6,S.259-265, 4(1962), H.2,S.71-85

BAUMANN, R.: ALGOL-Manual der ALCOR-Gruppe, 4.Aufl.　.A..S..
Anhang 1: Revised Report on the Algorithmic
Language ALGOL 60. Anhang 2: Report on Sub-
set ALGOL 60 (IFIP). München, Wien:
Oldenbourg 1969, 176 S.

BAUMANN, R., FELICIANO, M., BAUER, F.L., SAMELSON, K.:.A..S..
Introduction to ALGOL. Appendix: Revised
Report on the Algorithmic Language ALGOL 60.
Englewood Cliffs, N.H.: Prentice Hall Inc.
1964, 142 S.

BAYER, G.: Einführung in das Programmieren.   .A....B
          I. Programmieren in ALGOL, 172 S.
          Berlin: de Gruyter 1969

BAYER, G.: Programmierübungen in ALGOL 60.   .A....B
          Unter Mitarbeit von L.Potratz und
          S.Weiss. Berlin, New-York: de Gruyter
          1971, Groß-Oktav, 90 S.

BÜHLER, H.: Einführung in die Anwendung moder-   RA.F...
          ner Rechenautomaten. Basel, Stuttgart:
          Birkhäuser Verlag 1963, 143 S.

CENTRE NATIONAL   .A....B
          Procédures ALGOL en Analyse Numérique.
          Centre National de la Recherche Scien-
          tifique Paris 1967

COLLATZ, L., ALBRECHT, J.: Aufgaben aus der an-   RA....B
          gewandten Mathematik Ⅱ.
          Kapitel 7: FELDMANN, H.: 'Rechenan-
          lagen und ihre Programmierung'.
          Braunschweig: Vieweg 1972

McCRACKEN, D.: A Guide to ALGOL programming.   .A....B
          New York, London: Wiley 1962, 106 S.

DIJKSTRA, E.W.: A Primer of ALGOL 60 programming. .A..S..
          Together with: Report on the Algorith-
          mic Language ALGOL 60. London, New
          York: Academic Press 1962, 114 S.

DODD, K.N.: Computer Programming and Languages.   .A.F...
          London: Butterworths 1969, 140 S.

DIN66006, Informationsverarbeitung: Darstellung   .A.C...
          von ALGOL-Symbolen auf 5-Spur-Loch-
          streifen und 80-spaltigen Lochkarten.
          Entwurf: Elektronische Rechenanlagen
          5 (1963) H.3, S.135-137. Endgültige
          Ausgabe: Berlin, Köln: Beuth-Vertrieb
          1965

EKMAN, T., FRÖBERG, C.E.: ALGOL. Introduction to .A.....
          ALGOL Programming. 2nd ed.1967. Med.8
          vo 178pp (not available from OUP for
          sale in Sweden)

GRAU, A.A., HILL, U., LANGMAACK, H.: Transla-   .A.US..
          tion of ALGOL 60.(Handbook for Automa-
          tic Computation, Vol.I, Part b).
          Berlin, Heidelberg, New York: Springer
          1967, 397 S.

GÜNTSCH, F.R.: Einführung in die Programmierung   RA.CS..
          digitaler Rechenautomaten. Anhang:
          Syntaktisches Schema für ALGOL 60.
          2.Auflage, Berlin: de Gruyter 1963,
          187 S.

HERSCHEL, R. (TELEFUNKEN): Anleitung zum prak-   .A.....
          tischen Gebrauch von ALGOL. 4.Auflage,
          München: Oldenbourg 1969, 164 S.

HERSCHEL. R.: ALGOL-Übungen. München: Oldenbourg .A....B
          1968, 136 S.

KÄMMERER, W.: Ziffernrechenautomaten.   RA.C...
          Berlin: Akademie Verlag 1960, 303 S.

KERNER, I.O.: Praxis der ALGOL-Programmierung.   .A....B
          Braunschweig: Vieweg, Band 67

KERNER, I.O., ZIELKE, G.: Einführung in die   .A..S..
          Algorithmische Sprache ALGOL, 2.Auflage
          Leipzig: Teubner 1967, 283 S.

KNUTH, D.E. (Chairman): A Proposal for Input-   .A...E.
          Output Conventions in ALGOL 60. A Re-
          port of the Subcommittee on ALGOL of
          the ACM Programming Languages Committee.
          Communications of the ACM 7 (1964)
          S.273-283

KRAUSS, F.: Programmiertechnik. Würzburg: .A.F...
          Vogel-Verlag 1969. 170 S.

LINDSEY, C.H., VAN DER MEULEN, S.G.: Informal   .W..S..
          Introduction to ALGOL 68. Amsterdam,
          London: North-Holland Publishing Company
          1971, 368 pp.

MÜLLER, D.: Programmierung elektronischer Rechen-.A.F...
          anlagen. 3.Auflage, Mannheim: Hoch-
          schultaschenbücher 49, Bibliographi-
          sches Institut 1969, 208 S.

NAUR, P. (Editor): Revised Report on the Algo-   .A..S..
          rithmic Language ALGOL 60. Numerische
          Mathematik 4 (1962) S.420-453. Über-
          setzung ins Deutsche: Berlin: Akade-
          mie Verlag 1966, 65 S. mit 4-sprachi-
          gem Verzeichnis.

NICKEL, K.: ALGOL Praktikum, Eine Einführung in .A....B
          das Programmieren. Karlsruhe: Braun
          1964, 220 S. Mit ALGOL-Wörterbuch 52 S.

PERLIS, A.J., SAMELSON, K. (Editors): Report on .A..S..
          the Algorithmic Language ALGOL (by the
          ACM Committee on Programming Languages
          and the GAMM Committee on Programming).
          Numerische Mathematik 1 (1959) S.41-60,
          Communications of the ACM 1 (1958)
          Vol.12, pp.8-22

RANDELL, B., RUSSELL, L.J.: ALGOL 60 Implementa- .A.U...
          tion.Academic Press London and New
          York 1964

ROHL, J.S.: Programming in ALGOL. Manchester: .A..S..
          University Press 1970, ca.60 S.
          Appendix: Revised Report on the Algo-
          rithmic Language ALGOL 60

RUTISHAUSER, H.: Description of ALGOL 60.   .A..S.B
          Appendix B: Revised Report on the Al-
          gorithmic Language ALGOL 60, Report
          on Subset ALGOL 60 (IFIP). (Handbook
          for Automatic Computation, Volume I,
          Part a). Berlin, Heidelberg, New York:
          Springer 1967, 323 S.

SCHNEIDER,H.J., JURKSCH, D.: Programmierung von .AFC...
          Datenverarbeitungsanlagen, Berlin:
          Sammlung Göschen 1225/1225a, de Gruyter
          1967, 111 S.

SCHUFF, H.K. (Herausgeber):ALGOL 60. Beiheft 2, .A.....
          5.Auflage, Elektronische Datenverar-
          beitung. Braunschweig: Vieweg 1966
          S.1-17

STEINBUCH, K. (Herausgeber): Taschenbuch der   IA.C...
          Nachrichtenverarbeitung. 2.Auflage.
          Berlin, Heidelberg, New York:
          Springer 1967, 1486 S.

VAN WIJNGAARDEN, A. (Editor): Report on the   .W.MS..
          Algorithmic Language ALGOL 68.
          Berlin, Heidelberg, New York:Springer,
          Numerische Mathematik Band 14, Heft 2,
          1969.

ZEMANEK, H.: Die algorithmische Formelsprache   .A.....
          ALGOL. Elektronische Rechenanlagen,1
          (1959) H.2, S.72-79, H.3, S.140-143

Alphabetischer Index

a	siehe einfacher arithmetischer Ausdruck
a_v	siehe vereinfachter arithmetischer Ausdruck
<A>	A3
A	siehe arithmetischer Ausdruck, 1 Zeichen abgebildet auf 1/n-'INTEGER'-Variable, Buchstabe
Abbruchkri terium	2.7.4.3
ABS	2.4.4,3.1.1
Abschneiden statt Runden	7.2, A3
Additionsoperator	A2
Adjunktion	3.2.6
Aktualparameterliste	A2
Aktualparameterteil	A2
aktueller Parameter	2.7, 3.2, 6.1.3, 6.2, 6.2.1ff, 6.3.6, 7.1, A2
ALGOL 60	Vorwort, 2.1.3, 7
ALGOL-60-Auszug	Vorwort, 2
ALGOL-60-Grammatik	Vorwort, 2.1.2, 2.1.3
ALGOL-60-Programm	2, 2.1.1, 2.7
ALGOL-60-Zeichen	2.1
ALGOL 68	Vorwort
Algorithmus	Vorwort, 1, 1.2
Anweisung	2.7, 5.1.3, 6.1, A2
ARCTAN	3.1.1
arithmetischer Ausdruck	2.7, 2.7.2, 3.1, 3.2ff, 4.1, 4.2, 4.2.3, 4.3, 4.3.1, 6.2, 7.1, A2
'ARRAY'	siehe Endzeichen, Feldvereinbarung, Spezifikation
Aufruf	4.2.1, 6
Aufrunden	2.7.5, 4.2.3, 4.3.1
Ausdruck	3, 3.2ff, 6.1.3, 6.2, A2
Ausgabedaten	1.1
Ausgabegerät	7.1.1
Automatentheorie	1